湛庐 CHEERS

与最聪明的人共同进化

HERE COMES EVERYBODY

CHEERS
湛庐

"精要人生"系列

别让微压力消耗你

THE MICROSTRESS EFFECT

[美] 罗布·克罗斯 Rob Cross
凯伦·狄龙 Karen Dillon 著

王建琪 译

浙江科学技术出版社·杭州

测一测

微压力是怎样影响我们的生活的？

扫码加入书架
领取阅读激励

- 给你造成微压力的更可能是哪类人？（单选题）

  A. 苛刻的老板

  B. 刁钻的甲方

  C. 亲密的朋友

  D. 难缠的客户

扫码获取全部测试题及答案，
一起了解难以识别的微压力

- 微压力通过什么样的形式影响个人？（单选题）

  A. 通过一次性的大事件

  B. 通过持续的小事件

  C. 通过他人的期望

  D. 通过自我实现的压力

- 如何减少与家人或朋友的消极互动带来的微压力？（单选题）

  A. 增加与他们的互动频率

  B. 完全避免与他们的交流

  C. 调整家庭的优先事项

  D. 只关注自己的需求和感受

扫描左侧二维码查看本书更多测试题

摆脱职业倦怠，从认识微压力开始

几年前，我在年度会议上介绍我对高绩效精英的研究时，会议室后面有人举起了手，并说了一段让我措手不及的话："那人们的幸福呢？我的员工已经焦头烂额、精疲力竭了，但我们好像找不到一个好的解决方案。"

几乎在场的每个人都点头表示同意。这让我非常困惑。我之前一直把工作重点放在我们可以从高绩效精英身上学到什么，但每个人似乎都对他们有多幸福更感兴趣——这是我从未想过要关注的事情。彼时新冠病毒感染疫情还未暴发，有机创新是当时的热门话题，我已经有一个具体的计划，那就是将我们下一个研究项目的重点放在创新上。

但我被那天会场上的强烈感受所打动，最终搁置了这个计划，重新把工作重点放在了幸福上。我邀请了凯伦·狄龙（Karen Dillon）与我一起进行这项研究，她曾是《哈佛商业评论》的编辑，曾三次与著名教授克莱顿·克里斯坦森（Clayton Christensen）合著作品。我在给学生上课时，一直使用他们的一些合作成果，特别是他们合著的《你要如何衡量你的人生》这本书。她和我一样，关注与他人的联系如何在员工的整体幸福感中发挥作用。我们都被自己的发现震惊了。一项研究表明，孤独对我们身体的影响相当于每天抽 15 支烟。还有其他多得数不清的研究显示了孤独对血压、疾病、抑郁、焦虑等的影响。

当我们开始进行对高绩效精英的研究时，危机变得更加个人化了。对这些高绩效精英的采访一开始都是积极、乐观的。前十分钟，这些成功人士说的都是他们过得多么顺心。但随着我们采访的深入，几乎所有人都表示自己的生活充满了压力和焦虑。特别值得注意的是，他们的压力来源从来都不是大事，而是来自工作和家庭的不断累积的各种瞬间。

随着这种情况一次又一次地出现，这项工作的重要性悄然进入了我们的灵魂。我们最终进行了数百次谈话，深度和坦诚程度不亚于大多数人与非常亲密的朋友或家人之间的谈话。我们不仅清楚地看到了这项工作的重要性，而且还看到，我们为了应付当今复杂的生活而伪装起来的外表下所隐藏的深层痛苦。我们的许多高绩效精英身上都有看不见的伤疤，这些伤疤是日常微压力的缓慢累积造成的，微压力有可能使他们在工作、生活或这两个领域都脱轨。这些高绩效精英的生活岌岌可危，但没有人意识到这一点，包括他们自己。

但当时我们甚至没有合适的语言来描述这种现象。最后，我们想出了一个新词——“微压力”（microstress），来阐明我们看到的这种现象。微压力是一种未被认识到的副产品，它是在一个全天候充满需求的世界中与外界过度联系的结果。微压力与我们都承认并试图管理的压力不同。压力对所有人来说都是巨大的、清晰的和显而易见的，你可以想想处理重大健康问题、失业或家人去世时的情况。相比之下，微压力就不那么明显了。我们并不总能看到它，即使看到了，也不一定认为它在影响我们。当你跟别人说，一封电子邮件让你的一天都不好了，或者你上班出门的时候，另一半说了几句不客气的话，就把你接下来的一整天都毁了，听起来是不是很蠢？这就是微压力如此隐蔽的原因。就个体而言，这些微压力似乎是可控的，甚至不值得与他人谈论。但累积起来，就会造成真正的伤害。

微压力的概念并不新鲜。有史以来，人们就一直在同时承担多项任务和责任。但现在不同的是，这些要求给我们带来的压力之大、节奏之快、种类之多，甚至连我们自己都没有意识到。我们的受访者就没有意识到这一点。在我们详细了解他们的日常之前，大多数人甚至不记得他们所面临的一系列微小压力。当人们谈论韧性的重要性时，不可避免地会提到如何应对生活中的重大打击。我们的受访者中，很少有人遇到过这样的挫折。然而，他们每晚都会精疲力竭地躺在枕头上，却不知道自己为何如此疲惫。

自本书首次出版以来，我们又增加了来自全球 11 000 人的有关微压力对其生活影响的数据，并且与企业团体中数以百计的人进行了交谈。我们显然触到了人们的痛处，说清楚了许多人都在努力解决的问题。在我们多年的研究和写作中，从来没有得到过像谈论微压力的影响这样强烈的反响。

更糟糕的是，虽然大多数人应对压力的传统方法——冥想、正念、独自体育锻炼等，都能帮助人们应对压力，却没有从根本上解决问题。这些努力能帮助我们在自己有意无意构建的互动系统中坚持下去，却并不能帮助我们重塑这些系统。我们只能掩盖表面的伤口。

你如何知道自己正在经历微压力，而不仅仅是从事一份要求很高的工作？如果你像我们研究中的高绩效精英一样，就会发现一些蛛丝马迹。

- 你发现自己几乎总是在被动做出反应，而不是积极、主动地采取行动。
- 你总是在回应请求，试图找出哪些事不用干，或者辗转于各种会议之间，而没有时间处理刚刚讨论过的事情。
- 在工作和个人生活中，你经常对一些小挫折反应过度，或经常对他人发脾气。
- 你慢慢地淡出了一些活动和关系，而它们曾经是你生活和身份中充满活力的一部分。
- 只要一打开收件箱，你就会感觉自己的一天开始偏离正轨。

如果其中任何一项属实，那么你很可能正在遭受微压力。众所周知，压力和不开心不仅会影响到自己，还会影响到身边的每一个人。我们要能够识别、谈论和纠正生活中的一些微压力的影响。你不必忍受缓慢累积的、有可能会毁掉你生活的压力。你可以构建自己的工作模式和个人生活模式，为改善自己的整体健康和所爱的人的生活创造条件。

这对于长期以来以勤奋工作为文化特征的中国员工来说，具有前所未有的现实意义，而且在新冠病毒感染疫情期间和之后变得更加明显。由于工作和家庭两方面的紧迫需求，中国的高绩效精英面临着职业倦怠的风险。我们可以提供帮助！我们相信，通过使用恰当的语言来谈论微压力，并深入了解一些人如何很好地管理这种形式的压力，我们可以为你带来希望。更重要的是，我们相信这些想法可以让你创造你渴望的幸福生活。

罗布·克罗斯和凯伦·狄龙

THE
MICROSTRESS
EFFECT

目 录

THE

MICROSTRESS

EFFECT

引 言

微压力比无压力更可怕

压垮人们的往往不是单一的某个大问题，而是那些瞬间发生并被累积下来的、大量未被察觉的微压力。

一开始我们并没有打算写这本书。在过去的 20 年里，我一直在研究有效组织的潜在网络动态，以及高绩效精英的合作实践。我已经写了大量文章说明有些人比其他人的工作效率更高的原因，因为他们知道如何运用人际关系这一潜在资源。我试图找出现在看来其实是有缺陷的一种基本认知，这一认知常常根植于企业的文化之中，即谁是公司最有价值的员工以及他们如何运用人际关系产生绩效。

但是，当对高绩效精英进行一系列采访，请他们讲讲高效合作的案例时，我偶然发现了一些更深层次的事情。在最初的一次采访中，我听到一个精彩的故事。故事讲述了一位生命科学领域的企业高管在收到医生的严厉警告后，通过改变人际互动就帮助她塑造了更健康的生活方式。她自称从一个久坐不动的工作狂，变成了一个花很多心思寻找可以跟丈夫一起跑马拉松的度假地的人。我们交谈时，她充满了活力，显然正处于人生的一个波峰。

我的采访对象都是那些组织中公认的精英，其中包括一两个马拉松发烧友也是合乎情理的。但当她热情地与我分享自己新的生活方式时，我想知道一些和其他人不同的东西。像她这样一个明显以目标为导向的人，之前怎么会如此彻底地忽视了自己的健康状况呢？我心血来潮地问她，当初是什么让她如此“跑偏”。她沉思片刻，然后告诉我：“我想，这就是生活吧。”

因此，我们特意向其他应邀受访的高绩效精英（总共 300 人）提出了类似的问题。他们中的很多人都像是装满压力的“火药桶”，但是大部分都没有意识到自己所处的状态。随着采访的深入，他们开始讲述自己在工作和个人生活方面都备受煎熬。别忘了，他们可是来自各个组织的高绩效精英。

在我们的采访中，许多人哽咽不止，甚至泪流满面，感叹他们看不到前方的路，感觉自己快撑不住了。经过几十年的研究，我对高绩效精英为实现职业目标而承受的那种巨大压力已经十分熟悉。可现在我们谈论的完全不同，它也是某种形式的压力，但我们，以及那些高绩效精英都无法用语言描述它。随着交谈的深入，我们越来越清楚地意识到，压垮人们的往往不是单一的某个大问题。恰恰相反，正是那些瞬间发生并被累积下来的、大量未被察觉的小压力，极大地影响了这些看似拥有一切的人的幸福感。我们把这些小压力称为微压力。

有充足的数据告诉我们，世界各地的人们正处于前所未有的压力之下。比如，在 ×× 年“年度职场状况调查”中，美国知名咨询机构盖洛普得出的结论是，只有 33% 的受访者“工作状态良好”，44% 的受访者声称“在工作中承受着很大的压力”，这一比例创历史新高，但很少有人意识到或认真研究过这种新形式的压力给人们的工作和生活造成的危害。这种危害不易察觉，但它的不断累积会严重威胁高绩效精英的工作和生活。

这些微压力从何而来？

众所周知，我们正生活在一个全天候高度互联的世界里，每个人都可以通过短信、电话或视频聊天轻易地进入我们生活的各个方面。我们要随时应对个人生活和工作上的人际关系。

但是，高绩效精英以及其他精英群体可能都没有意识到的是，这些联系是如何造成雪崩般的微压力的，这种微压力远远超出了冗长的待办事项清单或满满的日程所带来的影响。微压力有时来自我们工作和生活中最亲近的人，因此会伴随着多层次的、复杂的情感，这让我们无法在一天结束的时候轻而易举地就能摆脱它。微压力还渗入我们的思想，消耗我们的能量，转移我们的注意力，最后一点点地偷走我们的生活。

随着许多令人心碎的故事在我们的采访中展开，我决定将工作转向研究这种未被识别的“流行病”——微压力。当我听到高绩效精英描述微压力如何以“滚雪球”的方式影响他们的个人幸福时，我意识到我自己也不能幸免。像许多人一样，我常常会轻易地对太多项目和要求说“是”，觉得自己只要咬紧牙关，用意志力就可以撑过艰难的时刻。我总是告诉自己，只要能熬过这周就好了。结果是，每周都变成了“这周”，这样的日子接连持续了几个月，直到那时我才意识到微压力的持续连锁反应。我的身体状态很差，而且我已经太久没有陪伴我生命中最重要的人了。无论是出于个人原因还是工作原因，我都必须把这事搞清楚。

带着这种紧迫感，我联系了凯伦·狄龙，问她是否愿意和我合作写这本新书。我很早就是《你要如何衡量你的人生》的忠实读者，凯伦与克里斯坦森教授合著这本书的目标在于帮助人们过上有意义的生活。在实现了职业生涯的高速发展之后，为了能够重新审视自己生命中最重要的事，凯伦迈出了非同寻常的一步，她在事业的巅峰时期辞去了《哈佛商业评论》的编辑职务，回归家庭。直到生活和工作恢复了平衡，凯伦才重新开始工作。

我们花了几个月的时间讨论我的研究，然后决定我们不只要写这本书，还要通过这本书帮助其他人了解发生在他们身上的事情。一起工作的这段经历，让我们更加坚定了这个目标，人们的身心健康已经岌岌可危，不能让微压力毁了他们的生活。

写这本书时，我俩都有意识地去采用我们在研究中学到的一些策略来减轻自身的微压力。当我们发现自己又陷入微压力时，我们可能会暂停会议，提醒自己不要在无意中带给对方微压力，有时，即使时间紧迫，我们也会在每次通话时花几分钟聊聊私事。在整个过程中，我俩都努力在工作之余跟家人和朋友保持联系，以对抗或者预防微压力带来的影响，毕竟这也是我们自身要面对的问题。在项目进行了两年之后，我们已经能够更好地控制自己的微压力了。

接下来，我们将分享一些具体的观点，这些内容来自对数百次采访的提炼，以及长期以来合作研究的工作成果。通过研究，我们发现，你可以用一些方法来安排自己的生活，这些方法不仅有助于你减轻微压力，还能提高你的整体幸福感。这些方法需要，确切来说是必须，建立和加强与他人的真实连接。这些连接会增加你生活的维度，并帮助你减轻微压力造成的影响，最终形成一个良性循环。

在第 1 章中，我们将给出微压力的定义，说明它是什么，以及它会如何悄悄地毁掉你的生活。之后的一些章节将帮助你识别生活中微压力的来源，这样你就可以“诊断”出自己的问题所在，并制定应对策略。

第 2 章指出了削弱你能力的微压力。这种微压力让许多人在工作和生活中都感到挫败，甚至连完成一天的工作都感到十分吃力。第 2 章提供了一些实用的建议，可以推迟或重构你的一些互动，从而减少微压力带来的影响。

在第 3 章中，我们将重点关注消耗你情感储备的微压力。情感储备包括内心的平静、毅力和韧性，这些情感储备能够帮助你集中注意力，分清事情的轻重缓急，管理恐惧、愤怒、焦虑等情绪，以及关心你在乎的人。我们将研究消耗情感储备的微压力的来源，并针对如何防止它们降低你的生活质量给出指导。

在第 4 章中，我们将讨论挑战你自我认同的微压力。它们可能会引起一种不舒服的感觉，让你觉得自己并不是理想中的那个人。这些微压力会慢慢削弱你的动力和目标感。第 4 章将帮助你了解这些微压力在哪些方面影响了你的生活，并提供一些可行的建议，让你可以重回正轨。

第 5 章将教你如何制订一个全面的计划来解决微压力带给你的主要影响和次要影响，还提供了一系列的练习，可以帮助你制订一个现实的计划来控制生活中的微压力。这里为你列出的最佳实践方案来自被我们称为 10% 的高绩效精英，即我们排名前 10% 的最优秀的受访者，他们不仅成功地应对了自己的微压力，还拥有着充实和令人满意的生活与事业。现在，只需要一点努力，你就可以把这 10% 的人用过的一些最佳实践方案融入自己的生活中。

第 6 章讨论了人们通常具有的一种误解，即认为韧性是一种必须深入挖掘内心才能具备的品质。相反，我们将展示如何通过人际关系获得 7 种可预测的韧性，它们能帮助你渡过困难时期，当然，前提是你已经建立了这些关系，而且知道如何，以及何时利用它们。

在第 7 章中，我们将探讨一种错误的传统观念，即保持身体健康是一项依赖意志力的孤立的活动。我们要问一个“扎心”的问题：明明保持健康是一件你知道该做什么也有动力去做的事，但为什么很多人在新年前夜信誓旦旦列出的计划，仅仅几周之后就宣告失败了呢？因为健康与你的人际关系密切相关，我们将证明，人际关系在保持或恢复你的身体健康方面发挥着至关重要的作用，它绝不像拥有健身伙伴那样简单。

最后，在第 8 章中，我们将探讨寻找意义的力量。具体来说，是通过在日常互动中寻找意义的力量来帮助你应对日常微压力的冲击。在我们的研究中，并不是说那 10% 的高绩效精英完成了什么宏伟的事业，而是说他们与他人一起度过了许多充实的时刻。第 8 章将告诉你如何找到自己生活的意义，你不需要等到 6 个月之后或明年才能找到，明天就可以。

也许你会觉得，让一个已经被微压力侵扰的人，再花时间读一本关于微压力的书，似乎适得其反。但我们向你保证，你绝对会有收获。在你跟着我们在本书中探索微压力的概念时，我们希望你能更好地表达出你的感受，然后，我们就可以帮你做出改变。我们在研究中发现，即使只击退了两三个微压力，人们的日常生活也会发生重大变化。本书的每一章都有“学会管理微压力”和其他可以直接采用的具体做法。我们写这本书还有另外一个目的，就是你一旦有了微压力这一概念，就可以专注于生活中真正重要的部分。

微压力是一个可以解决的问题。你从来没有像现在这样有能力控制自己做什么、跟谁一起做。正如一位受访者所说的："我只想重获新生！"你也完全可以做到。在接下来的章节中，我们会告诉你具体的做法。

第一部分

正确认识微压力

THE MICROSTRESS EFFECT

THE

MICROSTRESS

EFFECT

第 1 章

14 种无形无情的微压力

微压力很少来自典型的“敌人”，
而往往来自最亲密的人。

身体有些不对劲。是胸痛吗？布赖恩说不清楚。这种感觉转瞬即逝，后来他告诉我们，“不过我能肯定是心脏出了问题”。带着恐慌的心情，他去看了急诊。布赖恩在一家最具声望的投资银行担任董事总经理一职，一直以来，他都很关注自己的健康情况。他一直跟着互动健身平台健身，他可以说出自己在任何一天的平均心率、配速、训练阻力和运动消耗。不久前，布赖恩的导师因心脏病去世，这让他强烈地意识到，对于一个 38 岁的、身体十分健康的人来说，胸痛的感觉是不正常的。于是布赖恩做了一系列检查，但没有发现任何问题，然后他告诉自己也许胸痛全是自己的幻觉。他告诉我们：“老实说，我当时是有点吓着了。”

我们认识布赖恩，是因为他被公司评为高绩效员工。第一次交谈时，我们就明白了为什么他的公司会推荐他来参与我们的研究：布赖恩似乎拥有大多数人想拥有的一切。他有一个幸福健康的家庭，住在大城市市郊的高端社区，他在事业上取得的成就远超很多工薪阶层背景的人们。他是冷静、自信的化身。但是，当我们请布赖恩讲述他的一天是什么样的时，呈现出的却是一个不同的样子。“我觉得自己什么都做不好，无论是工作还是个人生活，”他坦言，“没有人对我满意。”

当谈到他为什么会有这种感觉时，我们发现，布赖恩已经把自己逼到了惊恐的地步，然而我们对此并不感到惊讶。他已经习惯了日常生活中的微压力，他只是一个接着一个地处理它们，却没有意识到这些短暂时刻的累积效应已经超越了最初的触发点。

例如，布赖恩已经不记得自己上一次睡个好觉是什么时候了。他告诉我们：“晚上我也无法静下心来，脑子里一直在想事情，也不是什么大事，都是一些琐碎的小事。”他列出了那天在他脑子里嗡嗡作响的事情。他以为和我们分享的是待办事项清单，但我们听到的是一连串的微压力。

- 一觉醒来，他首先想到的是两位同事还没有完成分析报告，而他要在两天后向其他董事总经理提交这份报告，接着他开始思索自己要做点什么才能替他们把欠缺的部分补上。
- 由于所在的公司是跨国公司，基本上每天醒来都要处理前一晚上收到的大量邮件，这些邮件都是关于金融市场或公司其他部门发生的令人不安的消息。
- 他的老板出了名的喜欢在深夜发工作邮件，且朝令夕改；重要客户也经常在深夜发来邮件。然而，老板和客户很难意识到他们的新要求是对原有要求的改变。这些改变不仅影响了布赖恩，也影响了所有与他协同完成这项工作的人。

而这仅仅是一天的开始。整个工作日，他都被微压力狂轰滥炸。就在我们采访的那天，他告诉我们，他正在准备为团队争取奖金。去年，他在公司内部的一场政治斗争中输给了另一位部门主管，没能抢到可自由支配的奖金。今年，他不想让团队失望。他还在慢慢磨合现在的团队，因为公司高层不断地把他的得力干将调到其他部门救火。采访一结束，布赖恩就急匆匆地去找一位公司高层开会，他给布赖恩施压要提高公司在市场上的知名度，但他似乎对布赖恩的部门面临的一些基本问题都不了解。

在短暂的采访期间，我们可以听到他的手机和笔记本电脑发出的信息提示音和日程提醒声。"不是电子邮件、Slack① 消息就是视频通话，我似乎没有真正的下班时间，"他告诉我们，"但我没有权利抱怨，我在经济方面没有后顾之忧，有一个很棒的、支持我的伴侣，还有一个比我想象中更好的家，孩子也健康快乐，我有什么好抱怨的呢？"

微压力不仅是长长的待办事项清单，也是不容易解决的情感包袱。微压力很少来自典型的"敌人"，比如苛刻的客户或老板。相反，它来自最亲密的人——朋友、家人和同事。我们第一次交谈时，布赖恩甚至没有想到要提及他日常生活中的其他微压力。比如，他 85 岁高龄的父亲告诉他，自己正在调试药物的剂量，看看感觉如何。他的父亲有时完全忘记服药，结果经常在一天的大部分时间里都在睡觉。然后由于白天睡得太多，晚上睡不着的时候他就在黑暗中踱来踱去，一不留神就会摔倒。于是，布赖恩和妻子需要轮流去父母家看望他们。但由于工作太忙，这种定期探访变得越来越难做到。布赖恩妻子的工作也很繁忙，而且她今年还准备晋升为公司的合伙人。他们可能需要雇一名护工，但什么时候才能抽出时间找护工？父母会接受吗？怎样和他们沟通这件事？

就布赖恩的情况而言，情感包袱是一种愧疚感，是让所爱的人失望的

① Slack 是一个工作效率管理平台，让每个人都能够使用无代码自动化和 AI 功能，还可以进行搜索和知识共享，并确保团队保持联系。——译者注

感觉，或者是为他们是否幸福而感到的担忧。人际关系中的情绪，无论是积极的还是消极的，都会放大压力源的影响。微压力可能很小，但是很复杂。“压力与微压力区分要点”详细说明了微压力与人们日常明确感受到的压力的不同之处。

压力与微压力区分要点

压力：应对喜怒无常的老板，他每天的情绪会影响整个办公室的气氛。

微压力：老板又一次改变了你的工作重点的那一刻。

次生微压力：召集你的团队重新布置工作的那一刻，因为你们拼了命要完成的工作已经不再是首要任务，你们必须重新调整。这已经不是第一次了。

压力：被诊断出癌症二期。

微压力：意识到自己不能参加每周与朋友进行的网球比赛，以及你的健康状况正在下滑的那一刻。

次生微压力：告诉朋友你又一次无法参加比赛的那一刻。你能感觉到他们很生气。你担心他们会把你踢出网球小组，那样的话，你不仅会失去锻炼机会，还会失去与这些人的定期交流。

压力：意识到年迈的父母不能再独自生活了，你不得不重新安排自己的生活来照顾他们。

微压力：你想要召集家人通话，讨论照顾年迈父母的问题，然后突然意识到兄弟姐妹相隔千里的那一刻。

次生微压力：你向伴侣诉说最近你与兄弟姐妹之间的谈话有些消极，且带有攻击性，当说到你们对父母需要什么的不同看法时，伴侣指出，你的兄弟姐妹对你不够重视，这让你更加恼怒。与兄弟姐妹来来回回的争吵，占用了你原本计划与孩子共度的周日时间。

压力：面对一个患有严重饮食失调症的孩子。

微压力：开会的时候，你低头看手机，看到孩子发来一条令人略感担忧的短信：“我是唯一一个没有被邀请参加理查德聚会的人。”而孩子正值十几岁的敏感期。

次生微压力：你无法再专注于工作，在下午剩下的时间里，你偷偷地查看孩子的社交媒体，想找到线索，了解发生了什么。

压力：老板下了最后通牒，如果你的部门达不到那个十分具有挑战性的销售目标，他就解雇你。

微压力： 老板宣布公司正在更新与长期客户的标准合同，付款周期要缩短，你知道客户很难接受新条款，但是你不得不向客户传达这个坏消息。 **次生微压力：** 你开始思考如何才能在不破坏辛辛苦苦建立起来的客户关系的前提下传达这个消息。这种焦虑让你一再推迟给客户打电话，因为你担心自己会搞砸。
压力： 你在部门的多轮裁员中幸存下来。 **微压力：** 两位同事没有完成共同项目中他们应该完成的那部分，而你必须投入额外的时间来完成它。 **次生微压力：** 你意识到，因为要集中精力完成同事未完成的项目，你不得不搁置自己有浓厚兴趣的成长性项目。并且你还在纠结要不要在截止日期后与他们进行一次谈话，谈谈他们的不足之处，你知道这种谈话可能会让他们不舒服。
压力： 经历一场鸡飞狗跳的离婚大战，结果不仅是家庭破裂，还有财产的大幅缩水。 **微压力：** 你答应过女儿会赶回家陪她打垒球，但是当你打电话给伴侣，说你赶不回去的时候。 **次生微压力：** 你不得不让伴侣把这个坏消息告诉女儿，结果在这周余下的时间，她们下意识地把不满情绪都发泄到你身上。

下面的“14 种常见的微压力”按照 3 个类别进行了总结，这也是本书的重点。在后面的章节中，我们将对每一种微压力进行深入探讨。

14 种常见的微压力

削弱能力的微压力	消耗情感储备的微压力	挑战自我认同的微压力
角色和优先事项偏差 来自同事的微小的工作欠缺 不可预测的权威人物 低效的沟通方式 责任激增	管理和支持他人 对抗性对话 缺乏信任 二手微压力 老板、同级别同事或整个关系网络的政治斗争	与个人价值观的微妙冲突 自信心受损 与家人或朋友的消极互动 人际网络的中断

我们猜想，当你扫视这 3 个类别时，你可以立即想起至少几种你正在

面对的微压力。根据我们的统计，布赖恩几乎经历了全部的 14 种微压力，而这仅仅是他生活中最寻常的一天。尽管主题有所不同，但许多人可能都会以类似的方式来描述自己的日常生活。就像布赖恩一样，你可能会认为你不得不接受微压力，因为生活就是这样。

这些常见的微压力中的每一个单独的微压力可能看起来都是可控的。毕竟，它们只发生在一瞬间。但是，我们往往看不到微压力是如何引发一系列连锁反应的，这些连锁反应是一级、二级，有时甚至是三级的，它们可能持续数小时或数天，用你无法将其与原始压力联系起来的方式侵扰你的生活。微压力会导致更多的问题。

- **消耗你的时间。**当你不得不投入过多的时间和精力来处理与解决某个问题时，你就会减少花在其他工作任务上的时间。这种时间上的损失会给你带来压力，因为你会担心自己对他人的承诺无法兑现，担心自己找不到时间来完成工作，担心如果你敷衍了事或错过最后期限的话，同事将会有何反应。
- **让你偏离目标。**你被分散了精力，这使你处于被动状态，在这种被动状态下你不太能够将注意力和精力投入你所关心的事情上。因此，你总是忙忙碌碌，却无法去做那些真正重要的事，比如那些对取得长期职业成就和实现目标具有影响的事情。
- **让你无法兑现承诺。**总是处于争分夺秒的工作状态会让你无法兑现对家人、朋友和你所属的其他团体做出的承诺。谁不曾因无法履行对所爱之人的承诺而心生不安？这不仅是指你错过孩子的足球比赛或学校演出，也包括你慢慢地将直系亲属以外的人际关系及其活动从你的优先列表中剔除。为了应对无穷无尽的微压力，你把自己的生活圈变得越来越小，这会对你的身心健康造成严重破坏。

- **把家人拖入你的工作压力中。**当你因为工作中的微压力被迫放弃承诺时，你也会在工作之外的人际关系中增加微压力。你与所爱之人诉说你的微压力，讲述你不得不忍受的不公正待遇。他们不仅支持你，也会感同身受，理解并共情你的愤怒。他们的这些反馈在那个瞬间会让你感觉很好，但实际上也会放大微压力最初造成的影响。“是的，这些微压力利用了我！”你在微压力中越陷越深。现在，你所爱的人也受到了情感上的牵连。
- **破坏你的人际关系。**在承受微压力时，许多人都会寻求他人的帮助。也许，为了准备即将举行的演讲活动，你会请一位同事分析或起草一部分内容，这导致同事加班到很晚。又或者，你请同事帮了供应商一个忙，但是，客户或老板突然调整了之前的要求，你正在努力完成的工作也随之发生了改变，这导致同事的帮助以及你所承受的压力变得毫无意义。“如果我知道周一早上你不需要那些数据，我就不会在周末加班了。”

当然，你永远不会只应对一两个微压力。就像布赖恩一样，你很可能在一天之内要面对几十个微压力。而且，这些微压力周而复始，日复一日。你已经筋疲力尽，但又不知道为什么。这种现象并非偶然。

可识别的压力，无法识别的微压力

微压力尤其有害的原因在于，它以人们从未经历过的频率、强度和速度融入了人们的日常生活。然而，人们的身体却不知道该如何应对。身体对压力做出反应的过程被称为“应变稳态”（allostasis），这是一种保护身体免受内部和外部压力的生物机制，它有助于维持人体内的平衡。大脑知道如何对付常规形式的压力，会识别威胁，并利用“战斗－逃跑”机制的额外力量来应对威胁。

然而，微压力在这些典型的警觉系统的雷达之下自如穿行，并对人体造成重大损害。乔尔·萨利纳斯（Joel Salinas）是纽约大学格罗斯曼医学院行为神经学家和研究员，也是提供在线脑健康服务的艾萨克健康公司（Isaac Health）的首席医疗官。他的研究重点是社会心理因素对大脑健康的影响。萨利纳斯说：“想象一下，风对一座山的侵蚀，和炸弹在山上炸出一个洞的效果是不一样的。随着时间的推移，如果风永不停歇，它就有可能慢慢地将整座山磨得面目全非。”人们可能不会意识到微压力的存在，但它们会使人体血压升高、心率加快，就像布赖恩恐慌发作时那样，或者引发激素或新陈代谢的变化。萨利纳斯说：“当微压力对我们的身体造成损害时，我们的大脑并没有将其完全视为一种威胁。所以，我们的大脑并没有触发在面对更明显的压力时，可能会启动的高级保护机制。”

大脑无法识别微压力的部分原因在于其处理信息的方式。大脑的工作记忆部分位于额叶。萨利纳斯说，人们的工作记忆是他们保存的精神笔记，是一种便笺存储器。但是，在持续的压力下，额叶中的“便笺存储器”往往会缩小，于是人们在追踪那些需要他们做出反应或关注的事情时就会有些吃力。这就解释了为什么有的人在感染了新冠病毒之后会出现脑雾的现象。被微压力淹没的大脑无法发挥正常的功能来关注一项活动或解决问题。人们会感到异常紧张，但不知道为什么会这样。萨利纳斯说：“可以说，这比越过‘战斗－逃跑’阈值的威胁还要糟糕。你不仅注意不到它，而且它可能还会造成更严重的后果。”

因此，虽然你可能很快就能应对微压力，但你的大脑可能不行。事实上，美国东北大学著名心理学教授、《认识大脑：关于大脑的 7½ 堂课》作者、神经科学家莉莎·费德曼·巴瑞特（Lisa Feldman Barrett）认为，人类的大脑似乎无法区分慢性压力的不同来源。巴瑞特写道，压力的影响，即使只是来自“瞬间的压力”，也是显而易见的。

> 如果你的身体能量已经被生活耗尽，比如被疾病、经济困难、激素激增所困扰，或者仅仅是睡眠或运动不足，那么你的大脑就会更容易受到各种压力的影响。

一项研究发现，如果你在饭后 2 小时内受到社交压力的侵扰，那么身体的代谢方式会让你在原有的基础上多摄入 104 卡的热量。巴瑞特总结说：“如果每天都这样，每年你会增加 5 千克的体重！不仅如此，只要你在一天之内经受压力，即使你吃的是有益健康的含有不饱和脂肪酸的食物，比如坚果，你的身体也会把它们当成含有有害健康的饱和脂肪酸的食物来代谢。”

还有，当微压力进入你的日常生活时，它们并不是唯一的压力，实际上，大多数人已经在满负荷运转，工作和生活中的各种需求已经让人们不堪重负。巴瑞特解释：“当你的身心持续承受重负时，即使是那些你通常能很快恢复的压力，也会堆积起来，就像孩子在床上跳来跳去，如果一张床可以承受 10 个孩子同时蹦跳，那么第 11 个孩子就会把床架压垮。”

布赖恩就是这样。他的生活中充满了微压力，它们在一张隐形的床上跳来跳去。这些微压力会累积起来，哪怕很小，也会让人们更容易受到各种形式的压力的影响。这是一个恶性循环。

微压力“流行病”正在毁掉人们的生活

人们正在遭受微压力“流行病”的侵扰，这一现象变得越来越明显，微压力正在毁掉人们的生活。受访者与我们分享的往往是令他们感到痛苦的故事，而这些人其实都是各自领域里的成功人士。在采访开始时，他们都披着光鲜的外衣，讲述生活中的美好事物。但大约45分钟后，我们发现即使是这群人也在苦苦挣扎。在许多采访中，人们时而哽咽，时而潸然泪下。

我们听过这样的故事：有些人在工作上如鱼得水，但在即将实现目标的时候，却感觉自己什么都做不好。一位受访者告诉我们：“所有的工作压力都被家庭的压力放大了。几年来，仿佛一切都失去了控制。”我们听到的故事包括人际关系紧张、健康被忽视、对曾经热爱的活动失去兴趣、朋友圈缩小、自我认同感降低等。大多数受访者都认为这些问题是现代生活所不可避免的。

温水煮青蛙的故事能够形象地解释微压力的破坏性。如果把青蛙放入一锅沸水中，青蛙会立即跳出来。但是，如果把青蛙放入一锅凉水中，然后慢慢加热，青蛙就会适应并忍受高温，直到水变得太热，青蛙就再也跳不出去了。有太多的人正身处慢慢加热的水中，他们也意识不到自己正在经历什么。正如我们从受访者的故事中反复听到的那样，看上去一切都很好，直到一切都变了。

然而，这种命运并非不可避免。有一些方法可以帮助你在微压力的汪洋大海中航行，而不会被它带离航向。

化解微压力
Tips

微压力是由个人生活和职场中的人际关系所引发的，并已令人习以为常，因此人们几乎无法察觉，但是当这些微压力累积起来却足以让人崩溃。

- 人们无法逃避微压力，因为那些无意中给我们造成微压力的人已经融入我们的个人生活和工作。
- 微压力在瞬息之间迅速袭来，它不会触发典型的“战斗—逃跑”警戒系统，这一系统常常能帮助人们应对其他更明显的压力形式。人们经受着微压力的累积影响，但并不清楚压力的起因是什么。
- 微压力会引发一级、二级，有时是三级后果的连锁反应，这些后果可能会持续数小时甚至数天，而你可能无法将这些后果与最初的微压力联系起来。
- 你可以减轻微压力的影响，但你无法消除微压力，除非你搬到荒岛或隐居起来！不过，你可以学习一些策略来减少微压力的数量，削弱其强度和负面影响，让自己在个人生活和职场中建立广泛的人际关系，并让这些关系成为你幸福生活的一部分。

THE MICROSTRESS EFFECT

THE MICROSTRESS EFFECT

第 2 章

削弱能力的 5 种微压力

所有微压力的来源都是一系列
微小的偏差。

新任营销总监安东尼的一封电子邮件，把身为多个团队经理的丽塔拖入恐慌的漩涡。有6位管理者收到了邮件，然后沿着管理链向下转发，要求大家为即将到来的工作汇报提供资料。这封邮件看似紧急但缺乏细节，这让每个收件人都很困惑。他什么时候要这些资料？资料呈现方式是幻灯片格式还是列谈话要点？有通用的模板吗？最重要的是，他想讲什么故事？

从某个角度来看，这封邮件的意思再简单不过了：领导按标准流程要求团队准备一个工作汇报。但这一要求为整个组织带来了数小时的压力。邮件在营销部“飞来飞去”，因为丽塔和同事都想尽力揣摩出字里行间的意思。有几位收件人在过去几周里曾与营销总监讨论过汇报的事情，但在每次的沟通中，安东尼描述的他想要的资料好像都不太一样，这让人更加困惑。

在收到安东尼邮件的90分钟之内，丽塔就处理了34封询问方向或投诉时间线的邮件。与此同时，收到电子邮件的其中两个人已经行动起来，提交了他们认为安东尼想要的资料并发给了丽塔。但是，他俩分别用了不同的数据源讲述了一个完全不同的故事。直到晚上6：30，丽塔结束了一天的“救火”工作，从其他优先事项里脱身出来，她终于有空好好看看他俩提交的东西，这时才发现他们所说的并不一致。可那会儿两人都已经下班走了。然而，丽塔只是参与该项目的人员之一，可这个烂摊子怎么就落到了她的头上？

丽塔的儿子正值青春期，她本来计划那天晚上要和儿子一起吃晚饭的。因为最近一段时间，儿子变得闷闷不乐，一个人待在房间里的时间越来越多了。也许是她想多了，但她很想找时间和儿子好好聊聊。无奈的是，她要先联系同事，然后想办法处理完数据的问题才能下班。当她终于下班，将车开出停车场时，她意识到儿子很可能已经从冰箱里找了点吃的，然后回自己房间去了。她又一次错失了与儿子拉近关系的机会。新上任的营销总监可能认为他的要求很简单，他只是想看到以不同方式呈现的数据，但结果是让丽塔把下午和晚上全搭了进去。拿到正确的数据、重新计算并将它们放进可视化的汇报表中，完成上述工作需要几位同事放下手头的工作为丽塔提供所需的资料。晚上她定了很早的闹钟，以便第二天能用清醒的头脑再检查一遍。

然而，那天对丽塔来说并不是什么特例。对我们大多数人来说可能也是如此。任何一天都可能充满一系列看似微不足道的要求或优先事项的转变，它们会打乱我们的计划，让我们停下正在做的事情立刻开始其他工作。我们不得不加班加点，把家人和朋友搁置一边。我们的生活充斥着微压力，这些微压力在逐渐削弱我们的能力，无论是工作还是个人生活方面，我们处理事情的能力下降了。当被这些微压力侵扰时，我们通常不会暂时停下来，看看它们对我们做了什么。我们会继续干活，但这让我们付出了代价。削弱我们能力的微压力会引发其他未被识别的压力，产生连锁反应，这种反应可能会持续数小时，甚至数天。我们要更加努力，要工作更长时间来应对能力减弱带来的影响，在这个过程中，我们的人际关系也会变得紧张。或者因为时间不够，我们交付了低于标准的工作，这又会引起职场关系的压力，因为我们辜负了那些对我们殷殷期盼的人。

在后文中，我们将定义并探讨 5 种削弱能力的微压力，并解释它们是如何渗透你的日常生活的。根据研究，我们将分享一些人们被微压力影响的案例。最后，我们将提供实用建议，帮助你消除这种形式的微压力。

丽塔故事的重点，不在于她无法处理营销总监在最后一刻提出的要求，而在于微压力并不会单独仍在，它总是会触发更多的微压力。当你把丽塔和同事及家人所受到的影响累积起来时，你可以看到微压力的触角其实很长（见图 2-1）。

图 2-1　一个削弱能力的微压力的连锁反应

让我们仔细地研究一下正在削弱你能力的微压力的来源。

微压力 1：角色和优先事项偏差

大多数人都有过这样的挫败感：团队中的每位成员追求的优先事项略有不同，并且大家很难在共同的目标下团结一致或有效地完成一项需要多部门合作的工作。当我们转向更具敏捷性的工作方式，并发现自己不只在一个跨职能团队中工作，而是在许多团队中工作的时候，效率低下的问题会成倍增加。我们采访的人经历过的最常见的痛点之一是团队部分成员直到项目后期才意识到或解决了这种偏差。没有人是故意制造这种误解的，在会议结束时，每个人都认为自己很清楚接下来需要做什么。但在我们的整个研究过程中，我们听到了数百个项目最终发展成令人头疼的大问题的故事，有些项目延后了，有些人甚至因此毁掉了职业生涯，其根源就在于未能及早解决的小的偏差。

当人们只是从自己的角度来解决一个问题或完成一项任务，而从来没有停下来搞清楚全局的时候，就会发生偏差。优先事项偏差有 3 种常见方式。

- **不同的目标：**这种偏差的发生通常是因为团队成员有不同的职能优先级。假设你的团队由营销、IT 和产品开发部门的人员组成，虽然你们按照同一个产品发布日期安排工作，但是在产品发布前的 6 周内，每个人的目标可能会截然不同，这具体取决于你们的绩效是如何评估的。每个目标的实现对于产品发布都是必不可少的，但你们看待要交付的成果的角度略有不同。从理论上讲，你的领导和来自另一个部门的同事，虽然在一个联合项目中为相同的交付成果而工作，但他们可能都要显示自己独特的影响力，这会将团队推向不同的方向，进而让每个人都感到困惑。

- **不同的价值观**：由于专业知识、责任或热情的不同，人们往往会认为，从某些方面来讲自己的工作是最重要的。这与工作的评估和奖励方式关系不大，更多的与人们对工作固有的价值观有关。一个人可能会优先考虑技术的卓越性，并花费过多的时间来建模和解决工程问题，而牺牲了本可以用来提升客户体验的时间，比如如何让设计更加优雅。另一个人可能更重视客户反馈并推动项目朝着满足客户需求的方向进行，而不是寻求技术上最有效的工程解决方案。这种偏差会在例行的项目会议上令各方筋疲力尽。
- **不明确的需求**：糟糕的项目管理会让出色的团队成员不清楚要交付什么成果，而这种不明确会引发微压力。没有明确的方向就会让团队成员凭借主观臆测来工作，这会让他们为错误的目标而努力，或将时间浪费在别人认为不必要的工作上。这和没有重点的工作方式会产生更多的次生微压力，因为人们不得不在私底下加强交流并重新安排工作流程，这样才能明确工作需求。

有几种方法可以快速检查偏差。比如，尝试问问团队成员假如项目获得成功会是什么样子。如果每个人的答案都不太相同，那么你可能就发现了微压力的来源。或者，如果你注意到尽管会议持续了很长时间，却始终没有实质性的进展，那么可能是因为大家的认识存在偏差。一个明显的迹象是，人们更倾向于匆忙赶去参加下一个会议，而没有时间快速总结或回顾你们刚刚商定的内容。或者如果你发现自己对团队的产出不太满意，那么问题很可能出在项目里的每个人都认为自己在做正确的事，但实际上大家的方向并不一致，且结果也证明了这一点。

当然，偏差会产生连锁反应。以马克为例，他是一家商业服务组织新晋升的运营经理，令他感到不解的是，近来自己收到的负面反馈越来越多。晋升意味着他现在要向两个业务部门的领导汇报工作，这是他在组织中的职责和可信度的提升。他现在领导着一个团队，负责快速修复影响大客户的关键软件问题，团队中有 3 个肩负着不同职责的组长向他汇报工作。理论上讲，新职位非常适合马克，因为他一向善于解决问题，并能出色地完成任务。

但是自从升职之后，马克感觉自己什么都做不好。他发现自己处理客户投诉的方式就像是在玩“打地鼠”游戏。为了把工作做好，他工作的时间比以前更长了，常常是整个晚上和周末都在工作。在马克本应鼓舞士气并建立领导信誉的时候，他的新团队却在怀疑他是否能胜任这份工作。

更糟糕的是，晚上，他把沮丧带回了家。当他表示自己可能没有时间参加妻子计划已久的大学同学聚会时，她很生气。“几个月前你就知道这对我很重要，”她说道，“你为什么不安排好时间？”

马克每天都在责怪自己没把工作做好。他起初并没有意识到，自己所有微压力的来源都是一系列微小的偏差。

事实证明，他的每个组长对问题的解决方案都有不同的观点。质量团队觉得解决方案就是找出根本原因；工程团队认为解决方案就是技术方案；产品管理团队则认为解决方案就是最终向客户推出修改方案。而客户希望同时拥有以上 3 个解决方案。如果没有一致的解决方案，团队之间的交接就会混乱、低效且时机不当。马克意识到自己从未向任何团队成员阐明过自己的期望，于是让他们想当然地得出各自的结论。

为了重新调整，他分别与两位部门领导进行了单独会议，然后与两位领导一起，召集他的整个团队开了一次会，以确保每个人对解决方案的理解是同步的。尽管每个人都以为自己正在按要求做事，但他们没有意识到自己片面的视角可能会给整个团队带来问题。包括马克的两位领导在内，所有人这才恍然大悟。最后，马克的团队统一了事项优先级，还得到一笔招聘预算，以及明确了对超出自身权限的问题的向上汇报的路径。按这种方式工作了几个月之后，马克重拾自信，恢复了他作为一个优秀运营经理的声誉。

学会管理微压力 THE MICROSTRESS EFFECT

修复团队理解偏差带来的微压力

如果你感觉团队有理解偏差，就要尽快解决这个问题。按照下面这个步骤来纠正偏差可以避免给每个人带来更多的微压力。

召集团队进行快速调整的会议。“我怀疑我们每个人对项目目标的理解都不太相同。我们要不要在接下来的几天里每天都花 30 分钟来确保我们的目标保持一致？”在会议中，重点关注理解偏差是如何影响团队成员的。只要你能向每个人清楚地表明偏差会使工作多么低效和多么令人沮丧，团队成员应该愿意进行调整。你可以采取以下步骤来纠正方向：

1. **在共同讨论中重新确立项目的目标或重要性。**专注于如果团队能够通力协作，那么会产生什么样的影响。呼吁追求更高层次的目标，激发每个人的兴趣，比如新软件将如何为客户实现工作民主化，或者如何研究出更经济实惠的药物。确保团队成员可以预见到，他们将如何为实现这些目标做出贡献。会议不应以讨论时间线和过去的失误作为开始；相反，应该从未来可以实现什么样的愿景开始，然后着手让人们做出具体的承诺，并明确需要消除的障碍。

2. **讨论每位团队成员的工作将如何为整个项目做出贡献。**确定每位团队成员的工作所需的资源。确保他们都清楚自己应该做什么，以及自己认为其他人会做什么。
3. **坦率讨论那些阻碍人们执行任务的障碍。**这个讨论的内容可能涉及可用的时间、资源，或者来自职能领导要求优先处理其他工作的压力。有些障碍是可以解决的，比如与团队的领导进行沟通。有些障碍则解决不了，比如资源问题。但是识别出这些障碍可以让你更现实地安排时间和分配任务，并针对超出权限的问题协商出向上汇报的路径。
4. **直观地勾勒出团队工作相互依赖的关系图，并做到一目了然。**直观地描绘出大家的工作相互影响、相互依赖的关系。这张草图不需要是完美的流程图，只要能反映出整个团队的粗略路线图就足够了。保留每次会议的白板记录，无论是实体的还是虚拟的，你可以创建一个带有便签的共享白板，这样每个人都可以修改。
5. **确保每位团队成员对他们正在做的工作做出承诺。**利用会议的最后几分钟让每个人复述他们的预期，以及在下次会议前将采取的行动。无论是线上会议还是线下会议，每次会议开始时先回顾白板，以可视化的方式提醒每个人已经做过什么，还要做什么，并找出新的或即将产生的偏差。

避免偏差微压力的策略。你可以采取几个可行的步骤来避免在工作中出现小的偏差。它们取决于你是否愿意在工作的每个关键时刻停下来问问题，以确保在小的偏差发展成更大的偏差之前纠正它。

开启新项目前，调查关系的复杂性。微压力的一个潜在来源是当今社会的工作中合作越来越频繁的工作模式。完成工作所需的合作数量和种类呈爆炸式增长，但在预估项目要花费的时间时，我们通常不会把这部分时间算进去。

- **考虑关系和意外事件。**仔细考虑新任务或项目中可能涉及的关系网络，以及可能出现的突发事件，包括它们将如何与你或你的团队当前的工作进行交互。你要靠哪些人来完成任务？他们之间能否无缝衔接？完成这项工作所需要的合作是否会比预期多很多？
- **检视目标、优先事项和利益相关者。**与项目发起人和领导充分沟通，确保你清楚地了解目标、优先事项和涉及的利益相关者等信息。你可能总是轻易地对新项目说“是”，因为你想帮助向你提出请求的人，或传达一种积极的态度，但是在承诺之前，你可以保持开放和积极的态度，说“我想了解更多”。
- **阐明需求的重要性。**与所有相关人员进行沟通，包括你在其他项目中有工作交集的人员，确保他们了解新项目涉及的内容，你也清楚地知道自己还有其他重要工作。在这样的前提下，才能确保你接下这个新项目是可行的。

开始一个新项目时，搞清楚你要做什么。

- **明确内容和时间。**在项目的初始阶段，花时间与团队一起为工作的内容和时间充分沟通，确保大家的目标一致。至少花 5 分钟为自己、重要相关者和所有参与这项工作的同事明确工作细节。

- **明确你对什么负责。**你必须了解需求的具体内容，才能知道你和你将依赖的同事是否有完成工作所需的时间和能力。
- **制定明确的时间表及绩效预期。**团队在一开始就对项目有共同的理解对每个人的工作成败都至关重要。

在团队的合作过程中，要警惕偏差的出现。

- **开发你自己的“传感器系统”来发现偏差，以便你可以快速解决问题。**考虑在会议的最后 5 ～ 10 分钟让大家复述他们理解的信息，以确保没有理解上的偏误。
- **留意你的直觉。**如果会议结束后你有一种不舒服的感觉，那可能表明大家还没有进入状态。
- **考虑写一封跟进邮件。**即使是对关键假设进行简要的回顾，也可以确保团队就目标、职责、时间表和交付成果达成一致。很多时候，会议结束时我们都认为大家是同频的，但随后，我们就会在无意中朝不同的方向发展。

微压力 2：来自同事的微小的工作欠缺

微压力的一个重要来源是“不靠谱”的同事，但这种不靠谱不是以你想象的那种方式呈现的。给我们造成困扰的并不是偷懒的人，因为这一类员工通常在组织的绩效和人才管理中就被淘汰了。更常见的是，工作尽心尽责的同事，有时一个小小的失误以令人惊讶的方式累积起来，最终导致了问题的出现。我们大多数人每天都被太多事情缠身，因此工作中出现遗漏、滞后的情况在所难免，甚至有时候觉得“差不多”就行了，因为各种责任已经把我们压得喘不过气来。我们在那些看起来不重要的地方偷工减料，最终影响的不仅是自己的工作，还有同事的工作。

假设你负责一个项目，该项目除你之外还有 3 名同事。第一个人没有完全搞清楚要做什么，第二个人被拉去了另一个优先项目，于是他对这个项目的可投入时间就会少于预期，第三个人则因为销售会议截止日期的逼近，而冷落了你的项目。基于这些情况，他们每个人都可能会在你的项目中略微偏离目标，比如工作效率比预期低 5%。具体可能表现为不能按时提供其他人所需的数据、未能校对简报的草稿、忽视必要的跨部门资源等。

单独来看，这些小的失误似乎微不足道。但它们对你或你的项目成果来说则不容小觑。你觉得自己对项目负有责任，或者你不希望自己的声誉因团队的努力不足而受损。你挺身而出来弥补同事工作的不足，反正你总是这样做。因此，你可能要在已经达到极限的时间表上再增加 15% 的工作量，这还不包括你在这个项目之外其他项目的工作。许多人甚至都不会向同事抱怨，为了挽救局面，他们直接披挂上阵。

这种由于同事达不到你的预期而带来的微压力也会影响未来的工作。现在你不仅要做额外的工作，而且还让同事以为他只要付出 95% 的努力就可以了，下次当他忙不过来的时候，可能就会觉得只要拿出 90% 的努力就够了。因为他知道，当他太忙或因其他事情而分心时，你会及时补位。从某个角度来说，这都是因为你挺身而出造成的！被同事的工作拖累的溢出效应也会波及你的其他工作、家庭生活，以及与上级的关系等。

最好的情况是，你意识到，当你完成自己的工作都非常吃力时，还要不得不为别人收拾残局，这令你感到沮丧。最坏的情况是，你会对那些没有兑现承诺的人产生怨恨，而你的怨恨会破坏原本稳固的工作关系。“不知道为什么，当同事搞不定的时候总是我来收拾残局，”一位受访者告诉我们，“我知道他们不是故意的，每个人都筋疲力尽了。但不知道为什么，我总是觉得自己有必要承担。”

库纳尔，一位来自汽车行业的高管，分享了当他看到下属交出不合格的工作时是多么沮丧的故事。“它造成了一种强烈的痛苦和压力，因为我在做本不应该是我做的事情，”他告诉我们，“做他们的工作会耽误其他事情，并导致我没有精力和时间来发展团队。”作为经理，他负责团队的管理工作。但是当团队成员能力不足时，他发现自己不仅要接手他们的工作，还要设法抽出时间来解决工作欠缺问题。这给库纳尔的工作增加了一层微压力。“这需要额外的精力，”他说，“因为你必须理解他们的问题所在，并遵循一个类似苏格拉底式的循循善诱的过程，引导他们完成自己应该做的准备工作。”对库纳尔来说，应对表现不佳的下属会带来新的、计划外的工作，这会打乱他的计划，让他更难专注于自己的优先事项，而这只是直接的后果。随着时间的推移，肩负双重职责会让库纳尔产生怨恨，导致他要找其他团队成员帮忙，这还意味着他下班后经常带着沮丧的心情回家。他意识到自己把工作的问题带回了家，但他似乎无法摆脱这一困扰。

在任何快节奏的组织中，当人们同时应对合作项目、紧迫的期限和个人工作时，工作欠缺问题难免会出现。但是，如果人们可以及早发现并解决这些问题，就可以防止它们演变成持久性的微压力。下面这些方法可以在微压力造成更多损害之前预防或解决它们。

建立问责制。你要清楚地描述要完成的工作、每个目标的负责人以及成功的标准。在我们的研究中，有人使用看板[①]进行交流并就预期达成一致。你也可以使用其他可视化工具，视具体情况而定。

解决微小的工作欠缺的方法

微小的工作欠缺有多种形式，有些可能只会影响你自己，而有些可能会扰乱整个团队；有些可能只会产生短期、有限的影响，而有些可能会产生连锁反应。解决这些微小的工作欠缺问题的关键可以从以下 3 个维度进行考虑，并采取适当的纠正措施。

人员：微小的工作欠缺只会影响我一个人，还是整个团队？

- **我：**直接在讨论中解决错误。承认这只是一个小失误，并且解决它可能看起来很容易。你要指出微小失误的累积效应，以及这种累积将如何影响你的职业和个人生活。如果需要合作解决问题，要重点关注 3 个方面：一是你可以采取什么不同的做法；二是其他人可以采取什么不同的做法；三是需要改变什么才能使这项工作顺利进行，比如，你是否需要与此人的领导进行沟通以争取更多时间。
- **团队：**利用团队会议这一公开场合让大家在讨论开始时重

① kanban board，一种直观地描述流程各个阶段的工作面板，使用卡片代表工作项目，使用列代表流程的每个阶段。——译者注

申承诺、分享各自的进展、简要总结遇到的问题及其原因。通过这种结构化的签到方式开始会议，以建立问责制。在会议结尾部分请大家重述承诺，以确保大家的目标一致。在会议期间使用可视化工具，并在会后将其分享给团队成员，为问责制提供明确的参考。

频率：这种问题是第一次发生，还是反复出现？

- **初次发生：**小问题要尽早解决，对此不要犹豫。很多时候，人们挺身而出填补他人的不足，同时也感到愤怒。然而，他们实际上正在用这种错误的方式告诉同事，不全力以赴是可以被接受的。人们有时会对自己的责任有所敷衍，并不是因为他们职业操守不佳，而是因为所有人都太忙了，于是我们大多数人都想弄清楚哪些担子可以卸下来，而不是思考如何履行所有承诺。尽早解决第一个问题，要正向反馈，要真诚地给予帮助，这样做，你就可以防止最初的小问题转变成严重的问题。
- **重复发生：**就这种反复发生的问题进行直接对话。然后询问你能提供什么帮助。你可以询问你能做什么，或者进行哪些改变，来防止同样的问题一再出现。这样的谈话方式有助于防止防御性对话阻碍建设性对话。接下来再谈谈失误的那个人需要做些什么来确保同样的问题不再出现。

量级：失误的量级有多大？失误会在一周内就被快速遗忘，还是会在一段时间内挥之不去，或产生重大影响？

- **小的或暂时的影响：**发挥共情力去看待问题能让你放下担

忧。大多数人都在个人义务和工作职责的“海啸”中奋力挣扎。在通常情况下，他们并不想在你的项目上表现欠佳，但现实是，在当今高度连接的世界中有太多对职业和个人的要求。并非所有事情都能完美地完成，也不是所有事情都能完成。

- **挥之不去或产生重大影响：**与处理重复出现的问题的方法相同，与当事人直接沟通，讨论重复出现问题会有什么影响。然后问他需要你做什么。谈话以你能做什么为主导来改变当前的情况，以避免问题重复出现。然后看看这个人必须采取哪些不同的做法。

在团队会议结束前，花几分钟时间借助你们正在使用的可视化工具做一下回顾，并询问每个人的进展情况。这样做的目的是避免对小的问题做个人化讨论，将责任交还给责任方。这种方法可以防止进一步的工作延误，并保证团队对交付规范的认知是一致的。

尽早发现问题。与同事建立一个定期跟进的工作节奏，以确保及时发现细微的问题。尽早注意到执行层面的不足，可以让你知道问题为什么会出现，这样你可能还有时间找出根本原因，并以增强关系的方式进行纠正。

导致一个人无法正常交付工作的原因，究竟是外部压力，还是他缺乏必要的能力，你需要区别对待。如果是因为外部压力，可能需要你发封邮件或打个电话，让其他人暂时做一些让步；如果是因为个人能力不足，可能需要你为他提供培训支持，或重新定位他的角色和职能。

检查进度。设置一个中点提醒，在工作应该完成一半时与他们联系。利用这次跟进，了解他们的进展和工作产出的状态，并确保他们正朝着正确的方向前进。

微压力 3：不可预测的权威人物

老板、上司或客户，这一类权威人士难以预测的行为通常会带来微压力的暗流。我们这里所指的并不是与特别难相处或不讲理的人打交道，这样的人是公认的压力源，你对此早有心理预期。因为你的同事对这一类人持有同样的看法和感觉，所以这种压力并不那么个人化。我们在这里谈论的是一种你不会停下来思考的常见微压力：一个善意的老板、客户或利益相关者似乎在不断地微调他们对你的要求。

不断变化的需求或频繁地回顾决策会使我们失去平衡，或者不确定应该将精力投入何处。哪个是优先事项？我应该放下一切转到新任务上来，还是对方只是随口说说？当你永远无法确定你的老板会处于什么情绪状态时，可能会引发巨大的压力和担忧。他刚刚生气了吗？他是不是担心这件事完不成？我的团队是否搞砸了工作，而我还不知道？你可能会过度思考你正在做的事情，或者为了面面俱到而做出两倍于实际需要的工作。

这远不是你必须弄清楚如何应对老板提出的要求那么简单。这种挣扎也会影响你跟同事的关系。你对团队成员提出要求，并根据你所理解的老板的要求来决定交付或不交付。你在与他人沟通时，需要传达你认为老板希望你传达的信息。然而，当你不确定老板希望你传达什么时，这种模糊性也会影响你与其他许多人的合作。你可能会不断调整或完全改变你要求其他人做的事情、你想要的帮助，以及你对不同项目或可交付成果施加的压力和优先级。也许你不得不告诉一位同事一个坏消息，他一直在加班加点完成的复杂分析或某项草案，你已不再需要。或者你鞭赏你的同事疯狂地完成了某项任务，然后领导或客户那边又改变了原来的优先级，这使疯狂完成的工作变得毫无意义，进而导致同事士气低落。

在一定程度上，不可预测性给收到新任营销总监安东尼邮件的丽塔制造了压力。她的前任老板不管是开员工例会还是做决定都有条不紊，但安东尼不拘小节，而且他似乎经常改变工作重点，丽塔总是需要快速跟上节奏。因此，她不得不常常求助于同事，或跟他们互相帮助以满足安东尼的最新要求。

事情常常是这样的，安东尼给丽塔发了一封邮件，似乎是一个紧要任务，类似本章开始时提到的工作汇报材料。丽塔会放下她正在做的事情，并找到一位同事来交流意见。但是当她回复邮件后，却很少收到哪怕是礼貌性的回复。她甚至不知道自己给的是不是安东尼想要的。如果最后安东尼改变了主意，或者忘记了之前的要求，丽塔就会觉得她完全浪费了求来的帮助。然而，她仍然要兑现承诺，完成答应同事的“交易”，只是为了日后能够及时应对安东尼不可预测的要求。丽塔甚至担心人们会怀疑她能否胜任这一职位。“我的工作做得很好，但那是我职业生涯中压力最大的时期之一。”她告诉我们。

即便只是知道某人的想法可能是不可预测的这一点，也会制造不确定性，因为你能预感到你的计划会受到干扰。你可能会担心那些永远不会发生的情况，投入额外的时间为所有突发事件做准备，有时你不得不放弃已经投入了时间和精力的工作，因为要求变了，该工作也没必要继续做下去了。

我们不建议你一刀切式地挑战所有不可预测的权威人物的所有要求。但是你要确保你进行了清晰的沟通，以避免白费力气。由于管理者经常过于忙碌，常常同时处理多项任务，并且超负荷运转，所以他们有时并没有充分意识到自己提出的工作要求是需要多人合作才能完成的。他们有时会低估自己提出的要求可能会造成的影响。因此，你要迅速确认该项要求的优先级别，以及如果涉及多人合作将可能产生的工作量，那么可以显著减少后面阶段的微压力，但你必须在权威人士提出要求的同时抓住这一机会。

通过研究，我们得到一个快捷方法，它可以用来评估你和上司对要求的期望和理解是否一致。为了实时衡量要求的重要性，请你的上司给新要求打分，满分 10 分。

- 1 表示“我知道这可能是个疯狂的想法，但我希望你能把它记在心上”。
- 5 表示“这是我们将来需要探索的东西”。
- 10 表示“这是一个优先事项。我希望你现在就着手处理这个问题，它优先于其他工作”。

然后，你可以用自己对这个要求的执行难度的评级来推翻上司的 5 或 10。通过这种方式，你的上司就会了解，完成该任务需要进行哪些权衡。这种评级方法将有助于你进行快速、清晰的对话，以确保你和上司在优先事项和如何最佳利用时间方面达成一致。

用这个方法评估所有的要求。通过视觉呈现优先级可以帮助上司了解他提出的所有要求，并更有战略性地做出决策。如果没有视觉呈现，如果仅执行某一项任务，那么这些任务看起来都很简单。只有当它们与所有其他正在进行的要求一起被可视化呈现时，才能更清楚地知道它们的影响。

反击不可预测的权威人物的策略。如果不停下来思考所提要求会造成的后果，即使好上司也会无意中引发微压力混乱。事实上，总是说“是”反而对你和上司都更为不利。

了解上司的想法

你不必等上司自己意识到这个要求是不合理的，只要花点时间了解上司，以及什么对他们的成功至关重要，你就可以知道如何提前应对这种情况。如果你能更好地了解他们的需求和痛点，你可能就会预见到事情将会如何转变。

花点时间，尽量多地了解影响团队工作的更全面的信息，以及上司如何看待你和你的团队。通过更好地了解上司的决策方法、微压力盲区以及驱动其行为的优先事项，你可能会更容易预测上司的决定。这同时也可以帮助你创建反叙事，让习惯于接受上级指示的上司准备好为你和团队辩护。

根据要求重新平衡时间和资源

养成这样一个习惯：在正式做一件事之前先明确所需的时间和资源。这种评估习惯能够帮助你建立一个重要的参照线，可以用来衡量新的要求。然后，当要求发生变化时，你就能进行更好的、有理有据的沟通，讨论完成新要求需要多少时间，以及可能需要调整哪些事项的优先级来适应它。

让所有的相关者都来参与这种重新调整工作的过程，这可能会让他们取消一部分要求，或减轻你的其他工作。随着时间的推移，这还能训练他们更清楚自己的要求会产生什么影响，并减少改变方向的次数。

控制自己的情绪

在应对不可预知的变化时要控制好自己的情绪。不要过于强调正确，不要反应过度，也不要让自己生气。与其将上司视为问题的根源，不如想想，他们自己可能正陷入压倒性的需求模式。如果你重视这个关系，请尝试找到积极的方式来解决看似不合理的问题。

改变低效的沟通方式

无论是在个人生活还是职场中，我们总是抱怨电子邮件、即时信息或其他各种通信技术工具对我们的“狂轰乱炸”。但实际上，对我们造成困扰的并不是具体的技术或应用，比如电子邮件或短信，而是何时，以及如何使用这些技术或应用的文化和规范。

事实上，我们在研究中发现，低效的沟通方式可能是所有造成微压力的元素中最常见的一种，它正在削弱我们的能力，因为这种微压力以几分钟甚至几秒钟的增量出现，但会持续数小时或数天。这种情况在新冠病毒感染疫情期间变得尤为严重，因为通常我们每天都要参加各种充满微压力的、简短但更加紧张的会议。研究表明，仅仅是低头看短信这个简单的动作，当人们想要重新聚焦到会议或者回到正在解决的问题中，也会消耗他们 64 秒的注意力。如果人们受到的干扰如此之大，甚至被打断了思路，那么完全恢复到高效状态可能需要 20 分钟！请你给自己做一个简单的估算：你昨天经历了多少次小的中断？又有多少次大的中断？比如当你试图对他人做出回应的时候，就像丽塔的同事放下了所有的事情来回应她的要求，帮助她处理营销总监的要求。这些时间加起来有多少？你就能理解看似微小的微压力如何“撕裂”我们的生活。如果不能有意识地去解决与人沟通的规范问题，那么你及你的同事将注定会经常熬夜、早起，以及承受无休止的、不必要的微压力！

沟通中的微压力来自一种感觉，比如你觉得自己必须快速回复短信、即时信息和电子邮件。即使是视频会议这种实时通信应用，本来是为了让人们的生活能够更加轻松，谁知却让他们的个人界限荡然无存，反而让生活变得更加辛苦，因为它们降低了人们的多任务处理能力，并且只在需要时才发表意见。最终，你将面临巨大的焦虑，你觉得每天都要盯着无数的数字对话，因为人们平均每天要应对 9 个这样的数字对话平台。我们采访过的许多人都告诉我们，在通常情况下，他们甚至要到下午 5 点或更晚的时候才能开始自己的工作，因为白天他们有开不完的会，回不完的电子邮件。可是，这么晚才开始真正的工作，通常意味着你要等孩子上床睡觉后，或者花时间陪伴侣聊会天之后，再开始第二轮的工作。许多高成就人士都默认了这种工作方式，并说服自己，这是他们自己选择的结果。“我愿意在深夜工作，因为这样可以和家人共进晚餐”，或者“我是个早起的人，4:30 起床，我喜欢在一天开始前把事情做完”。但这不应该是平衡工作和生活的唯一方式。

人们总是惊讶于小改变带来的大不同。例如，一位受访者与我们分享了一个简单的过程，这个过程极大地改善了团队中大量的低效沟通的局面。她召集团队开了一个简短的会议，展示了一张三栏分列式幻灯片。

在第一栏中，她列出了团队目前的沟通方式，其中包括电子邮件、Slack，以及专门供团队内部合作、交流的线上空间等。

在第二栏中，她询问了团队希望遵循的做法。在电子邮件条目旁边一栏，她写了 3 个要点：“标题注明请求和时限”“尽可能列要点，不要冗长的段落”“感觉有分歧时，不要发送电子邮件，打电话或发视频”。

在第三栏中，她让大家考虑作为一个团队应停止哪些现行做法。同样还是从电子邮件条目开始：“晚上 10 点以后不发邮件，避免让收件人觉得有必要立即回复；如有必要，设置延迟发送”“不要默认抄送所有人”等。团队立即做出回应，在第一栏中添加了其他沟通方式，如视频通话、电话和会议，然后提出了其他要开始做和停止做的事情。这个过程用了不到 1 小时，但每个人都很兴奋，因为他们拥有了改变的掌控权，他们还自嘲曾经的一些行为，比如总是回复全部邮件，这让人们不得不无休止地回复“不错”或“谢谢”。

团队合作方式自查——解决沟通过载问题

目前的沟通方式	**希望遵循的做法**	**应停止的现行做法**
电子邮件	• 标题注明请求和时限 • 尽可能列要点，不要冗长的段落 • 感觉有分歧时，不要发送电子邮件，打电话或发视频	• 不要再默认抄送所有人 • 不要为了澄清自己的想法而写冗长的邮件 • 不要把你的要求隐藏在第 8 段中 • 晚上 10 点以后不发邮件，避免让收件人觉得有必要立即回复；如有必要，设置延迟发送
会议		
即时通信		
团队合作空间		
视频会议		

她告诉我们："我认为我们成功地为每个人节省了一些有效时间。"事实上，我们帮她计算了一下，这个简单的举动至少为她节省了 8% 的时间，相当于一周节省了 4 ～ 5 小时。更重要的是，这为团队的每个人都节省了时间。她还说："我曾经一直以为只有我一个人忙得不可开交。但我认为超级自信的一位高绩效精英私下告诉我，她每天都要花 1 ～ 2 小时发邮件并抄送所有人，或回复所有人的邮件，而且要工作到深夜。因此，这个简单的改变让我'重获新生'。"

微压力 4：低效的沟通方式

大多数人都会服从团队和组织的现有规范，而不会停下来思考是否有更有效的沟通方式。但是，有一些策略可以帮助你纠正错误。

精减合作义务：主动塑造自己的协同工作

回顾过去 4 个月的日程表，看看有哪些例行的请求、决策和互动已成为你职责的一部分，你可以将它们转移给协同关系较少的人，以减轻自己的负担，并将这些人拉进你的职业关系网络。展望未来两个月的例行会议，查看是不是可以缩短会议时间，拉长会议间隔，或取消重复性会议。不要只关注容易造成超负荷的大项目，还要留意那些小项目。如果你把任务分发出去，或重塑了自身定位，就能让自己抽身出来，这样能为你节省出大量的时间。

减少对外沟通：关注自己的沟通模式

如果你的组织使用的是能够生成数据分析的通信平台，那么检查一下你的分析结果，确保你没有让同事“淹没”在电子邮件、短信和会议中。或者，与从事类似工作的同行交流，了解他们的沟通节奏和电子邮件规范。

如果和其他人相比，你总是更频繁地发送长邮件，那么很可能是因为你的要求太琐碎，或指示过于模棱两可，于是你让自己收到了更多的邮件。控制沟通的节奏和数量可以减轻他人与自己的压力。

检查自己是否总在过度插手工作

谨防在不该插手的时候插手。人们常常会参与不该他们做的工作，从而给自己带来麻烦，因为人们会从中获得成就感，以及满足感。人们喜欢被看作专家，或者从帮助他人中获得成就感。人们也可能因为恐惧而参与其中，比如害怕被贴上表现不佳的标签，或者害怕错失良机。更高效的合作者会清楚地意识到，当他们因为身份需求、恐惧或过度的控制欲而加入不必要的合作时，他们会努力避免让自己过载。

微压力 5：责任激增

你要肩负的事情越多，微压力就越多，并且这些微压力会以你意想不到的方式蔓延到你生活的各个方面，这些事情主要包括：怀孕生产、搬家、适应新工作、承担重要的志愿项目等。不过，大多数人都能意识到这些责任对生活的影响，而且当重大转变发生时，他们的朋友和家人会站出来支持他们。但是，责任的激增也会以不起眼的形式出现。与重大的生活转变不同，在微压力激增的情况下，他们只是不假思索地把额外的责任加到已经满负荷的肩上，而没有考虑到他们所背负的累积负荷。

微压力增加了人们在工作中的责任，人们需要大量地与他人合作，而这往往又会加剧微压力。在一个人人都被期望可以灵活应变、同时处理多项任务、参与众多跨职能团队、及时回应管理层和客户的实时需求的时代，激增的工作量往往来自看似简单的请求，而没有考虑到其复杂性。两个项目的工作量看起来可能是一样的，但如果其中一个项目涉及跨越两个时区的三个职能领域，其中两位领导互相看不顺眼，此外，还需要来自不同优先级的其他部门的资源，那就另当别论了。就工作量而言，这个项目远远大于仅涉及本单位且人数相同的项目。责任激增造成的压力不仅来自实际工作，还来自任务合作中产生的影响。

在个人生活中也会出现责任激增，但它并不总是来自父母或伴侣等直系亲属。当人们负担起对大家庭成员的责任时，也会产生微压力。他们可能需要照顾年迈的父母，而当那些并未真正参与父母日常生活的亲戚随意发表意见却不提供任何帮助时，微压力就会加剧。当然，责任激增从来不会发生在人们空闲的状态下。它们之所以会造成一定程度的压力，是因为人们必须付出努力才能应对它们。

一位受访者描述了她称之为“家长的家庭作业”的负担，即孩子从学校带回家的作业，是他们根本无法独立完成的。这些作业需要提前计划和准备，常常迫使她在最后一刻跑出去买相关用品。你有没有试过在晚上 8 点以后去买海报？！而且这些作业似乎总是悄悄地降临在你身上。例如，孩子周五晚上告诉你周一要交一份重要的报告，而你的周末已经排满了。在已经排得满满的待办事项清单上，哪怕多加一个这样的项目，都会给整个家庭带来巨大的压力。孩子会因为你对这份报告作业的不耐烦或沮丧而感受到压力。伴侣会因为你努力完成报告或要求他出面处理而感受到压力。你可能会在工作中敷衍了事，因为突然出现的“家长的家庭作业”让你分心和沮丧。压力会持续地影响你的生活。

责任激增所带来的次生影响尤其具有破坏性。工作压力激增已经够糟糕了，但也许更令人痛苦的是，它们已经渗入家庭压力中。当你被工作带来的微压力所吞噬时，你在家里就不能呈现出自己最好的状态。你可能会加班到很晚，或者逃避家庭义务，这会让每个人都感到失望。注意，即使只是你在家时未能全神贯注地照顾家人，也会明显地影响整个家庭的日常幸福感。每个人都会感受到这一点。家里的压力激增不可避免地又会给工作带来压力，要么是因为你必须更加努力地工作，要么是因为你需要应对来自工作和家庭生活的不同需求。在深夜和大清早工作会伤害你的大脑，使你的皮质醇水平升高，因此会让你感到精疲力竭。如果你总是绷着一根弦，就很难在工作和家庭生活中都保持应有的状态。

这些压力已经变得司空见惯，因此，许多人的生活就像是由一连串微小的责任冲击组成，这迫使他们以损害最小的方式做出反应。一位受访者告诉我们，周日早上成了她最喜欢的工作时间。她曾经很喜欢去教堂感受那里的精神滋养和社交氛围，但现在她根本没有时间。周六晚上很可能是她一周中睡得最好的一个晚上，所以周日早上她可以在家人醒来之前挤出几小时用来工作。直到我们讨论了她日常生活中的微压力后，她才意识到，自己为了让周日成为最好的工作时间而放弃了许多事情。

你无法控制别人要求你做些什么，但你可以控制自己如何做出回应。你不必总是默默接受。你可以用各种方式应对，防止让激增的微压力占据你的生活。

拒绝不合理的要求

在别人提出要求之前，先阐明自己能提供的具体价值是什么，以此来帮助他们准确地设定对你的期望值。这样，你就能确保他们不会要求你处理专业领域之外的事情。在可能的情况下，把工作重新分配给更有能力完成的人。当别人提出不合理的要求时，你要能自信地拒绝。最后，在将不合理的要求从你的工作中转移出去时，要善于利用人际支持，通过获取权威意见、数据或专家的支持，使你的观点有理有据。

学会管理微压力 THE MICROSTRESS EFFECT

监测生活中的波动

为了更好地理解责任的小幅增加是如何影响你的生活的，请记录下你的时间需求的激增情况。这些要求单个看起来可能微不足道，但当你把它们都列在一页纸上时，累积的效应可能会更加明显。使用类似“个人微压力分析清单”来做一个对你有实际帮助的直观分析。

个人微压力分析清单

第 1 步：职业或个人压力激增	作为高潜力人才发展路径的一部分，你被轮调到新的业务部门	孩子在学校突然陷入困境
第 2 步：压力激增所涉及的关系	● 新上司 ● 新团队 ● 伴侣（因为你的超负荷工作，伴侣要承担起更多责任） ● 孩子（因为你对他们的陪伴减少）	● 孩子 ● 伴侣 ● 老师 ● 家里的其他孩子
第 3 步：压力激增如何产生微压力	● 投入更多时间了解角色并建立信任	● 花时间了解孩子的困扰，并与伴侣讨论

	● 花时间了解团队的能力和愿景 ● 把想要花在自己身上的时间用来弥补与家人相处的不足	● 与老师密切沟通，以评估问题并规划接下来的应对方法 ● 占用了你与其他孩子相处的时间，以及营造积极家庭氛围的互动时间
第 4 步：减轻影响的方法	● 策略性地专注于能够建立能力和信任的行为 ● 利用前任领导的专业知识来了解团队 ● 在压力激增期间争取外部的家庭服务（如清洁服务和日用百货送货服务）以节省时间	● 全家参与讨论，分析问题并创造一个支持性的环境 ● 要求老师提供更及时的反馈 ● 找育儿师提供支持，并将育儿师的角色与家长的角色区分开来

1. **找出一次或多次你的时间需求激增的情况，并进行反思。**在职业方面，这些激增可能表现为：一个新项目的合作范围比你意识到的要大；你得到一次晋升或角色发生转变；或者你需要去替补一位同事，他有其他优先事项要处理或已经离职。在个人生活方面，你的朋友或家人可能正在遭遇挫折；你可能在一个非工作团体中担任领导角色，而这个角色对你的身份具有重要的加持作用；或者你可能正在应对家庭责任的转变。
2. **反思受到这次激增影响的各种人际关系，**以及这些影响如何给你带来微压力。仔细观察一次激增会如何影响你的人际关系，以及如何给你的个人生活和职业带来压力。
3. **弄清楚这些受影响的关系是如何通过削弱你的能力来产生微压力的，**同时思考微压力的直接影响以及次生微压力。例如，想一想当你在工作中额外承担突如其来的责任时，你的人际关系会受到什么影响。这不仅可能会给家人的生活增加压力，而且当你忙于工作时，还可能会让你忽视朋友和生活中其他重要的人际关系。

4. **确定可能有助于应对波动的行动。**这些行动可能包括重新规划工作、为任务争取额外资源以支持你渡过难关，或者改变与受影响人员的互动方式。我们将在后文中为这一步骤提供一些实用建议。

平衡家庭和工作中的责任

你的生活中需要有这样一种人，他们能监督你不要对任何要求都说“好”。因为即使是善良的同事，他们可能也会希望你付出得越多越好。那些幸福感更高的人，往往会有人帮助他们更明智地决定什么值得付出，什么不值得付出。

你生命中重要的人，比如伴侣或其他令你尊敬的家庭成员，在你考虑是否要做出新的重大承诺时，可以为你提供一种平衡。他们可以提醒你个人时间和家庭时间的重要性，以纠正你可能会让工作占据所有时间的倾向。

重新协商你的工作职责和内容

当你被要求处理大量的工作时，要重新协商对你的其他工作的要求。与其不假思索地增加工作量，不如利用这个结点，协商哪些工作可以从你的工作中剥离，或者你可以获得哪些资源来应对新的工作要求。

在人们的个人和职场生活中，因互动而产生的微压力随处可见，这种微压力会削弱他们的能力，并造成巨大的伤害。他们最终会陷入困境：他们必须比预期更努力地工作，忍受给他们生活的其他方面带来的影响，否则就会无法完成任务。无论哪种情况，都会立即带来微压力，而且鉴于当今生活的高度关联性，每种情况都会带来次生微压力。有针对性的行动可以产生重大影响，就像下一章提到的消耗情感储备的微压力。

化解微压力
Tips

1. 削弱能力的微压力会潜入我们已经超载的日子，让生活更加艰难，让我们没有成就感，迫使我们承受不断转移注意力的代价，并导致我们的生产力降低，进而影响我们的生活。削弱能力的微压力的产生，有 5 个典型的原因：
    - 角色和优先事项偏差。
    - 来自同事的微小的工作欠缺。
    - 不可预测的权威人物。
    - 低效的沟通方式。
    - 责任激增。
2. 片刻之间出现的单个微压力不仅会给你，也会给你的同事、家人和朋友带来持续数小时，甚至数天的连锁反应。

3. 一旦你了解到削弱能力的微压力从哪里来，会造成什么损失，你就可以在日常生活中做出重大改变，从而战胜它们。

THE MICROSTRESS EFFECT

第 3 章

消耗情感储备的 5 种微压力

微压力具有传染性，人们只需与有焦虑、压力，甚至疲劳感的人在一起，就能感受到这些情绪。

埃玛被一家全国性媒体公司聘为高级管理者，这让她非常高兴。虽然这份工作需要她搬到其他城市，但是她对新职位和公司使命的热情抵消了搬家带来的压力。然而，刚上任没几天，她的一位新同事明显地表现出不太适应埃玛的管理方式。他经常在早上8点之前就发来邮件，每天早上，埃玛的收件箱都会被这位同事的邮件淹没。如果埃玛的回复不及时，这位同事就会在会议上向她提出各种问题。他还经常在Slack上重复他的请求，以防她没有查看邮件。就每个问题本身而言，都是合理的，也都是一些基础的小问题。但问题是，新同事似乎无法适应埃玛的领导方式。由此一来，她的会议经常会从她预先确定的重点转向由这位焦虑的同事引发的“紧急情况”。她默默忍受着这种微妙的烦扰，试图用一些令他安心的回答让他平静下来。毕竟，她正努力确立自己的领导地位。如果她被看起来非常基础的要求搞得焦头烂额，她的新团队会怎么看她呢？

她发现在晚餐的时候，自己总是在跟家人抱怨那位同事，而不是分享她梦寐以求的新工作带来的兴奋。埃玛的丈夫很快就理解了她的感受，但他的回应更加强化了她的感觉，让她觉得自己是这个咄咄逼人的同事的受害者，这位同事让她每天带着累积的焦虑去上班。她开始怀疑自己的决心，不确定自己是否已经准备好接受这份新工作。她想，如果她说因为这个同事不断地提问题，而把自己逼到了崩溃的边缘，那么别人一定会觉得很可笑。她可是一个经验丰富的专业人士！渐渐地，埃玛开始怀疑自己能否胜任这份工作。她花在这位同事身上的时间，比她花在整个团队的时间还多。在最初的几个月里，她甚至认真考虑过辞职。

埃玛的反应乍看之下似乎有些过激。因为一个同事给她发了很多邮件，她就要辞掉一份梦寐以求的工作？但是，当我们考虑到微压力对消耗我们情感储备的影响时，情况就不同了。这种微压力具有传染性。人们只需与有焦虑、压力，甚至疲劳感的人在一起，就能感受到这些情绪。而这些负面暗示反过来又会对人们产生成倍的影响。

这是有科学依据的。

在过去的 10 年中，科学揭示了人们的大脑天生具有情绪感染的机制，即人们对从周围感知到的情绪做出反应的方式。情绪通过大脑中一群叫作镜像神经元的神经细胞进行无线网络传播，镜像神经元能让人与他人产生共鸣，理解他人的感受。这就是当你看到别人打哈欠时，你也想打哈欠的原因。因为只要看到别人打哈欠，人们大脑中的镜像神经元就会被激活。同样地，你的大脑会接收坐在房间其他地方的人的疲劳反应。同样的情况也会发生在有人微笑或大笑时。总之，当看到别人这样做时，人们的镜像神经元就会被触发。人们也会像吸二手烟一样，捕捉到负面情绪、压力和不确定性。

加州大学河滨分校的研究人员霍华德·弗里德曼（Howard Friedman）

和罗纳德·里吉奥（Ronald Riggio）表示，如果你视野中的人的言谈举止表现出焦虑不安，那么你很有可能也会感受到这些情绪，从而对你的大脑反应产生负面影响。

与埃玛一样，在我们的研究中，许多领导者也表达了因对抗性对话、办公室政治、担心自己不够好和让团队失望而产生巨大焦虑。谁不曾因为同事的一句评论或讥讽而许久不能释怀，并为自己当时没有做出正确的回应而自责呢？

微压力并非来自办公室的政治斗争，或者是其他故意针对你的恶意。它们很微妙，是由你日常生活中的人引发的，这也是它们如此难以发现和应对的原因。在本章中，我们将帮助你识别消耗你情感储备的5种微压力。我们将辨析它们的典型来源，并提供实用的反击措施，从而最大限度地减少你的情绪困扰。

微压力6：管理和支持他人

晋升到管理职位本应是件高兴的事。但是，管理他人也意味着要对他们的成功和幸福感负责，当人们处理绩效问题、给出批评性反馈或解决团队冲突时，就会消耗自身的情感储备。没有哪个管理者愿意给员工一个糟糕的绩效评估。就算评估做得很好，管理者也会在评估前、评估中和评估后投入大量心力。他们会担心评估能否被接受，自己是否公平，对表现不佳者会有什么影响，以及这对今后的职场关系意味着什么。仅仅是这一类要为别人的职业成功负责的日常挑战，就会给管理者带来大量的微压力。

人们因为担心自己在个人生活和职业生涯中会辜负他人而感到焦虑，

当他们无法控制的组织环境发挥作用时，就更是如此。一位经理向我们抱怨："我很难为今年表现出色的员工争取到不错的加薪，因为我们公司的要求非常严苛。当让我讲出为什么他们值得加薪 3% 时，我的胃就开始不舒服。"

在管理、关心和支持他人的过程中，也会产生次生微压力，它们可能有几种形式。

- **训练和培养方面的不足：**人们知道应该花时间指导和支持团队，但就是做不到。正如一位受访者所说："我只花 1 小时就能做好的事情，我的一个初级团队要花 3 小时才能完成。对我来说，自己做更有效率。"在短期内，绕开对下属的训练可能是权宜之计，但从长远来看，会带来一系列其他问题。如果你不花时间帮助团队成长，不仅会让他们失望，也会让自己的工作更加艰难。你没有培养团队完成任务所需的技能，你就会增加自己的工作难度，而且这种状态将会持续存在。当你关心的同事在职业发展中遇到更多困难时，他们的压力和焦虑就会反作用于你。他们在你的项目中投入的努力和创造力减少了，在极端情况下，在你长时间地为他们承担了工作负担以及相应的微压力之后，他们可能会离开。
- **消耗政治资本：**当你为直接下属争取奖金或晋升机会时，你很可能会与其他同事和领导产生摩擦。你可能不得不为有限的晋升名额或奖金而全力争取。而一旦你支持的人获得晋升，那么他们未来取得的成功最终也会凸显出你的知人善任。如果他们表现不佳，就会给你带来焦虑。哪怕只是在你为下属极力辩护，而资深同事未能像你一样看到他们的价值时，也会给你带来微压力。

微压力追踪卡

明明没经历重大挫折，却感到情绪被掏空？
你可能遇到了看似无害，却悄悄偷走能量的“情绪刺客”。
别让微压力消耗你，
发现它，识别它，就能消灭它！
在对应卡片上记录你的小烦恼吧~

微压力1：角色和优先事项偏差

“老板的灵感就像龙卷风，我的日程表是灾区！”

如果你也有这样的烦心事儿，
就把它记录下来吧：

微压力2：来自同事的微小的工作欠缺

“同事的笔误，让我喜提午夜校对员体验卡！”

如果你也有这样的烦心事儿，
就把它记录下来吧：

微压力8：缺乏信任

“我的汇报比日记还详细，老板依然让我‘再确认下’。”

如果你也有这样的烦心事儿，
就把它记录下来吧：

微压力9：二手压力

“隔壁工位的负能量，是我被迫共享的情绪云盘。”

如果你也有这样的烦心事儿，
就把它记录下来吧：

微压力10：老板、同辈或人际关系的政治花招

“茶水间的八卦，比宫斗剧还烧脑。”

如果你也有这样的烦心事儿，
就把它记录下来吧：

微压力3: 不可预测的权威人物

“领导的深夜邮件，是开不完的优先级盲盒。”

如果你也有这样的烦心事儿,
就把它记录下来吧:

微压力4: 低效的沟通方式

“开会两小时，共识：下次开会再决定！”

如果你也有这样的烦心事儿,
就把它记录下来吧:

微压力5: 责任激增

“任务像韭菜，割完一茬又三茬。”

如果你也有这样的烦心事儿,
就把它记录下来吧:

微压力11：不可预测的权威人物

"公司的'狼性文化'，让我学会了狗刨式生存。"

如果你也有这样的烦心事儿，
就把它记录下来吧：

微压力12：自信心受损

"PPT改到第9版，终于想起自己不会做PPT……"

如果你也有这样的烦心事儿，
就把它记录下来吧：

微压力13：与家人或朋友的消极互动

"老妈的催婚攻势，比甲方需求还猛烈。"

如果你也有这样的烦心事儿，
就把它记录下来吧：

微压力6：管理和支持他人

“晨会是火情通报会，周报是灾后重建报告。”

如果你也有这样的烦心事儿，
就把它记录下来吧：

微压力7：对抗性对话

“同事的每个‘但是’，都是我的血压冲刺器！”

如果你也有这样的烦心事儿，
就把它记录下来吧：

微压力14：破坏你的人际关系

"朋友突然关心，不是结婚就是借钱。"

如果你也有这样的烦心事儿，
就把它记录下来吧：

察觉问题是解决问题的第一步。

恭喜你，已经成功追踪到情绪刺客！

接下来，请按照卡片颜色跳转到对应章节，

获取你的专属打怪秘笈吧！

第2章　　第3章　　第4章

- **把自己放在最后：** 想象一下，你在下班途中收到同事的一条短信，它随即引发了你的微压力，这一微压力在你的脑海中嗡嗡作响，并被你带回了家。如果你觉得有义务帮助同事，就会在晚上和周末安排工作，而剩余的情感储备你会优先考虑满足家人的需要，而不是自己的需要。当然，努力把他人放在第一位是一种高尚的品质，但代价是那些能平衡自己微压力的人际交往和活动被缩减了。

试想一下，一位自称是变革推动者的新上任的经理开始询问拉乌尔团队的业绩表现时，这意味着什么。拉乌尔在这家金融服务公司工作了20年，他曾帮助团队渡过了多次重组和裁员的困境，他的队友都希望他能让团队远离内部的政治纷争。

新经理希望拉乌尔的部门在与供应商的合作关系上有所创新，这似乎在暗示，拉乌尔团队的能力有所不足。经理的每一个问题，哪怕是不经意的问题，都会让拉乌尔对自己的团队产生强烈的保护欲。他发现自己花了大量时间去思考如何改善经理对他的团队的看法。他开始思考团队有哪些没有注意到的问题，以及主动介入以帮助团队完成项目，或用自己的时间过度补偿，以确保与他们合作的其他部门认为他的团队成员是积极响应的。

随着夜间和周末工作越来越频繁，拉乌尔开始意识到，他本能地试图保护团队的努力，这不仅使他自己付出了代价，还造成了一种局面，即这反而让团队变得更加脆弱。拉乌尔告诉我们："我太担心他们了，因此我介入解决了一些可能根本就不存在的问题，而且做得太频繁了。"

关心与你共事的人是你获得同事的尊敬的原因之一，但这并不意味着你任由自己的保护欲给自己和团队带来层层微压力。诀窍在于你应该帮助同事成长，而不是亲自去解决他们的所有问题。

创建共同肩负责任的管理模式

如果你不再试图自己提前解决所有问题，就不会再引起微压力。相反，要想方设法在日常沟通中引入指导和明确责任。比如，扩展常规的一对一对话方式，即你们不仅沟通工作进展，还会就个人成长和发展进行良好的对话。这样的对话能让团队知道你关心他们，并为他们的发展共同肩负起责任。你的团队可能开始承担更多的责任，这让你大为惊喜。你还可以将会议控制在 50 分钟内，而不是 1 小时，从而为提供和寻求快速反馈留足时间。这些实时互动提供了细致入微的即时指导和微小的方向修正，因此将有助于团队的进步。

培养团队成员的独立性

你关心团队，也希望团队的表现能反映出你作为管理者的能力，所以你不知不觉地就想要保护团队免受一切可能的挫折。但是，这种管理风格会让你无法全神贯注于自己的工作，可能还会给你带来微压力。因此，要克制提供指导或帮助的冲动，尽管这样做可能看起来更有效率，或让你当下感觉良好。你要让团队成员将他们的建议反馈给你，并帮助他们找到可以用来解决问题的资源。如果有人可以更好地帮助团队提高能力，减少对你的依赖，那就求助于那些人。或者建立团队内部的导师关系，让更有经验的员工为其他人提供指导。如果团队成员已经习惯了让你来解决他们的问题，那么他们可能会对这种改变有所抵触，导致前期效率较低，但是，长远来看，无论是他们职业生涯的稳定发展，还是获得能力的提升，都将证明这样做是值得的。

避免触发微压力

你是否在无意中用善意的保护行为给你关心的人带来了微压力？在职场上，当管理者过度保护团队时，就会制造微压力。团队成员不仅没有学会独立思考，而且提出越来越多的小问题，使管理者的工作变得非常琐碎。

当我们对孩子过度保护，或对朋友过度同情，却不能帮助他们在困境中成长时，我们就会制造微压力。结果，孩子或朋友将来会更加依赖我们。正如拉乌尔意识到的那样，这种过度保护的行为几乎总是适得其反。认识到自己是如何引发他人的微压力后，拉乌尔通过回答“你在工作中给谁制造了微压力”和“你在生活中给谁制造了微压力”这两张清单中的问题来改变自己的行为。最重要的问题是，你给谁制造了微压力？

这两张清单展示了一位高绩效精英如何审视自己无意中给他人制造微压力的情况。这个练习可以帮助你反思自己在哪些互动和行为中越位，制造了微压力，并妨碍了他人的发展。

你在工作中给谁制造了微压力

你正在做什么	你可以做出的改变
受影响的群体：团队	
对团队能力缺乏信任：我总是担心会出什么问题，或对直接下属的决定进行反复评估，却从未向他们说明我担心的原因，从而打击了他们的自信心。	在适当的时候低调放权，并退后一步。对团队表现出的创造力给予赞赏，而不要说，“如果是我，我会怎么做”。

受影响的群体：老板	
提供超出我能力范围的帮助：出于好意，我承担了超出我和团队能力范围的工作。这最终却让老板失望，也给团队带来了次生微压力，因为他们不堪重负，无法以自己满意的品质完成工作。同时，这一行为模式还给家庭带来了次生微压力，因为我经常熬夜加班，错过了与家人团聚的时光。	帮助老板了解他所布置的任务所需的全部协作资源和工作要求。利用老板布置工作的短暂时间，确定所有事项的真正优先级，避免让自己和团队负担过重，这有助于老板今后也能更明智地安排任务。
受影响的群体：同级别的同事	
主动帮助太多人：在新的工作岗位上，我努力建立同级别的同事网络，了解他们的核心优先事项和痛点，并主动提供帮助。这一策略在帮助我全面融入团队、融入公司方面很有效，但现在我已经超负荷工作，不堪重负。结果，我不仅没能帮到同事，反而让他们失望了，因为我无法兑现承诺，我不能一直提供那些与我的职业发展并不相关的帮助。我看不出这对大家有什么好处。	花点时间明确我希望在工作中发挥的3～5种能力，以及我希望在职业生涯中体验的价值感。在无法实现这些愿望的情况下，应谨慎提供帮助并介入他人的工作。同时，更加积极、主动地安排会议，以及开展那些能帮助我实现这些愿望的工作。 避免主动向他人提供与我的目标和职业发展不一致的帮助与资源。

你在生活中给谁制造了微压力

你正在做什么	你可以做出的改变
受影响的群体或个人：重要他人	
助长受伤的情绪：在与重要他人的互动中，我过分发挥共情力，却没有在共情他们的同时讨论应该怎么办。这让他们当下感觉很好，因为我在支持他们。但这让类似的互动越来越多，因为他们没有看到自身制造或存在的问题，并进一步陷入了受害者模式。	讨论并约定一个时间点，在一次或几次互动之后，从共情转向解决问题。创建一个行动信号，让彼此创造真正的支持性互动，而不是让微压力持续存在。

受影响的群体或个人：亲密朋友	
为朋友 24 小时待命：我陷入了这样一种模式：无论白天还是黑夜，随时为朋友提供帮助。她曾经历一场艰难的离婚，我帮助她渡过了人生的这一阶段。但随着情况的稳定，她变得过于依赖我的帮助。她的过度依赖不仅给我和她之间的相处带来了更大的压力，也让我的家人感到失望，我也忽视了自己的生活重点。	多问一些问题，比如她自己需要做些什么，而不是立刻跳出来帮忙。努力帮助她自己分析和解决问题，而不是让她依赖我。

受影响的群体或个人：孩子	
解决每一个问题：关于我的第二个孩子应该如何发展他的天赋一事，我有些干预过度了。我认为这样做是为了他的未来着想，因为他只有兼顾好学业和课外活动，才能进入最好的学校。但是，我狭隘地认为，只有进入最好的大学才是他通往成功的最佳途径，这给我们的关系带来了压力，那些我必须帮他协调的活动也带给我们无数的微压力。	督促他对自己的人生负责。为此，我会以提问的方式，引导他找到自己认为重要的事情，并让他对自己的选择负责。通过这些努力，他将学会自我引导，而不是过分依赖我。

每天选择一个时间点停下工作

总想让每个人都满意会引发你的微压力：害怕让人失望，过分担忧他人的工作表现，担心自己作为管理者显得有些软弱。不过，如果你能做到坦率、真诚地发展可信赖的人际关系，那么你就不太可能经历微压力。努力将自己的角色和责任放在整体环境中进行考虑，这样就不会让自己负担过重。向相关的同事和领导说明你在每项职责上有多少时间，并让他们参与确定你应该专注于哪些方面，以充分利用这些时间。归根结底，你能为团队做的事情是有限的。每天你必须选择一个时间点让自己停下工作，然后说："我今天已经做了我能做的一切。"允许自己在一天结束时停下工作，不仅有助于减少你晚上把所有微压力带给家人的可能性，而且还会向你的同事发出一个强有力的信号：他们也可以有自己的底线。一位经理经常告诉他的团队，他第二天不得不在家等待修理工或处理孩子的一系列医疗预约，他其实也在向团队传达这样的信息：有时专注于个人的优先事项也是可以被接受的。

微压力 7：对抗性对话

当别人的出气筒或与同事、爱人闹不愉快的感觉从来都不好受。但是，人们有时会忽视那些每天都会发生的、更小、更微妙的对抗性对话。这里指的不是愤怒的顾客或同事的欺压，而是与同事的日常互动所引发的微压力：不一致的目标、有分歧的文化价值观，以及个性差异。与同事进行日常交流之后，你可能会感到筋疲力尽，因为你们解决问题的方法不同。或者你可能对团队充满保护欲，因此你会把其他团队领导对你团队成员的随口评论理解成批评。你总是比你想的更加敏感、谨慎。

雨涵在一家跨国物流公司担任财务经理，她与我们分享了一系列不得不面对的微小的冲突。她告诉我们："这只是我工作的一部分，但这种互动毁了我的一天。我会不停地思考自己如何才能更有效率，回到家也会一直思考，甚至整个周末也在思考，但我真正应该关注的是我的家庭。"她经常要应对同事的抱怨，这些同事会向她抱怨预算被削减或开支受到质疑，即使那些决策并不是她做出的。她说："在这样一家不断发展壮大的公司里，这些对话都不是什么特别的事。但在一周或一个月的时间里累积起来就会让我疲惫不堪。"

人们会发现，自己在努力完成工作的过程中，与其他人之间可能存在着无数种微妙的对抗形式。也许你正面临一位同事的挑战，因为他的工作绩效会以不同的评估方式进行考核，或者你正在处理与周围的人的工作风格上的差异。就个体而言，这些微压力在外人看来可能只是例行的工作交流。但是，它们可能会成为人们挥之不去的焦虑或愤怒的根源。比如，你会发现自己在争论之前就已经开始担心。或者，你会反复推敲自己可能的应对方式和方法，以确保自己不会被对方逼得走投无路。又或者，你可能不喜欢自己当下处理争论的方式，它让你失去了冷静，用不恰当的暴躁行为去回应，或者你根本就没有把自己的观点表达清楚。而在一次争论之后，大多数人都会在脑海中回放所发生的一切，放大自己感受到的错误，或者为自己当时没有说对的话而自责。总之，即使是微妙的对抗也会在接下来的日子里激起情绪。

它们还会引发一系列次生微压力，包括以下几种。

- **情绪疲惫：** 为对话做额外的准备工作，以及在心理上对互动做出预期，即使是一次小小的争执，也会让人精疲力竭。谁没有过这样的经历呢？在半夜醒来，回想自己希望能处理得更好的一次对话，并在此过程中一直神经紧绷。这种影响可能会持续好几天。你无法停止对对话的反思，当你把这种二手微压力传递给周围的同事时，他们的精力和注意力也会受到影响。
- **无休止的紧张：** 即使是轻微的争论也会造成额外的紧张，因为你需要跟进，以确保讨论的内容取得了进展或问题得到了切实解决。工作中的形式主义和缺乏信任，会使紧张情绪在冲突事件之外长期发酵。你可能还会发现，同事总是尽量避免与你共事，进而这种紧张的关系还会影响你的声誉和工作中潜在的发展机会。
- **扰乱个人生活：** 很多人不仅会为争论做准备，事后还会与比较亲近的人复盘，以尝试释放自己的情绪。但这种习惯可能会让那些亲近的人感到沮丧，因为他们无法控制这一复杂情境，并感到无能为力。他们因你的情绪不佳而产生的情绪波动会进一步放大你原本感受到的微压力。

学会管理微压力　　THE MICROSTRESS EFFECT

消除对抗性对话中的微压力

试着在争论之前、期间和之后的每个阶段，找出 2 ～ 3 项你能采取的措施来减少微压力，从而在可能发生的对抗性对话中抢占先机。以下是一些具体建议。

争论之前

防止微压力级别的冲突引发一连串其他微压力的最有效方法之一是，提前创建一致性。告诉大家你正在努力达成共同的愿景，这样就能防范不一致带来的风险。你可以让很多人认同你的愿景：

- **上司：**努力了解上司的优先事项和痛点，这样你就能更好地帮助他们取得成功，并减少围绕绩效期望进行对抗性对话的可能性。
- **同级别的同事：**与同级别的同事一起迅速确定互惠互利的优先事项，并明确彼此的承诺，以消除对抗性对话中最常见的两个驱动因素：人们没有以应有的方式获益，或者同事没有兑现承诺。

- **团队：**与团队成员保持沟通渠道畅通，鼓励他们及早表达有哪些担忧或遇到哪些问题，以免让这些问题成为严重的争议点。
- **其他有影响力的人：**积极寻找并接触那些可能会产生负面影响的非正式意见领袖，即那些可能会朝着不同方向努力或关心工作的不同方面的人。多与他们交流，了解他们的立场，找到共同点，平衡你们各自的优先事项，共同制订解决方案，这一解决方案应同时兼顾你们各自的想法，这样就不会一开始就有冲突。

在一场可预见的争论发生之前，要关注那些你能控制的事情。如果你预计会有一场艰难的对话，那么就努力把握好时机。不要回避对话，尽量在你冷静并准备好的时候发起对话，而不是在不恰当的时候突然引出话题。

争论期间

进行争论时，你要关注并确定事实，回顾造成冲突的基本原因。在通常情况下，冲突的原因与你或你的同事个人无关。《哈佛商业评论》杂志上曾刊登一篇名为“冲突处理指南”的文章，其作者埃米·加洛（Amy Gallo）提出，使用几个简单的短语，可以让你的谈话专注于冲突的事实，而不是针对个人：

- “这是我的想法。”
- “我的观点基于以下假设……”
- “我得出这个结论是因为……”
- “我很想听听你对我刚才说的话有什么看法。”
- “你觉得我的推理有什么缺陷吗？”

- “你有不同的看法吗？”

在交谈过程中，尽量与对方就事实达成共识，而不是一味追求正确。

争论之后

在任何有争议的讨论之后，你必须努力避免在脑海中回放争论过程，或与他人重提，这样做只会放大那些你本来就担心的问题。正确的做法是与对方沟通，提供资源或其他帮助，或者分享你的承诺的进展情况。这种做法有助于确保讨论始终集中在工作上。最后，尝试为你们双方正在做出的改变搞一些庆祝活动，尽量让其他人也参与进来，以鼓励团队都能采取积极的行为。

在你的关系网络中建立一个辅助信息渠道。信息的来源可以是那些认识你的冲突对象的人。如果你跟那个人之间真的有问题，那么其他人跟那个人之间很可能也有问题。如果这些人非常了解你和现在的情况，他们的建议可能会很有价值。他们可能会就如何解决问题给你提供有用的指导。或者，他们可能会帮助你认识到你并没有错。只要知道自己不是问题的根源，就能减少冲突对情绪的影响，帮助你更理性地应对冲突。

微压力 8：缺乏信任

人们如果信任你，就会愿意为你承担一定的风险。他们会与你进行坦诚的争辩，并且很可能会自发地告诉别人关于你的为人以及你取得的那些成就。一般地，在并肩工作数月或数年之后，人们就会建立起信任。你们非常了解彼此，知道什么时候可以互相依靠。

反之，缺乏信任既会影响同事的表现，也会影响你自己的表现。在这种情况下，当你不信任别人或认为他们有不良企图时，你感受到的并不是传统形式的压力。相反，这是一种因缺乏信任而产生的微压力。现实情况是，在许多工作关系中，想要建立信任并不容易，因为现代职场几乎都是动态的，工作小组拆分之后又重组，团队成员不断更新，而且往往存在相互对立的优先事项。引发微压力的原因可能很简单，比如你并不真的了解同事的能力，或者你并不确定同事是否为你着想。或者，你只是不知道自己是否可以指望同事兑现他们的承诺。当然，随着新冠病毒感染疫情引发的远程工作模式的兴起，人们之间的互动形式变得单一，也更容易产生误解，这进一步限制了你通过合作与同事建立信任的能力。

看看缺乏信任是如何影响咨询公司的高级分析师比尔的。随着公司开始注重更灵活的工作方式，团队的组建、解散和重组速度加快，比尔已经习惯了总在和不同的同事合作。他很少有时间在与新团队正式合作之前，了解这个团队以及团队中同事的能力。尽管他已经在公司工作多年，但他的很多新同事并不了解他的能力。每一次团队的重组，他都觉得自己在从头开始，既要了解自己可以从团队成员那里得到什么支持，又要让其他人了解自己的长处和短处。这种不确定性让他不得不花更多时间进行核对，确保自己的工作和团队的目标一致，并且还会担忧自己收到的其他成员的工作的质量。这些担忧并非出于恶意，而是因为团队成员的快速更替让比尔失去了对他人能力的信任。他浪费了大量时间在猜测和反复检查同事的工作成果上，以免自己的工作受到影响。层层压力由此产生。

缺乏信任也会产生几个次生微压力。

- **让你的工作量不断增加。**这里指的是微妙的缺乏信任，不是根本性的不信任。如果你对同事不够了解，不知道他们的工作方式，不知道他们的优点和缺点，也不知道你们如何合作才能产生最好的效果，你往往更倾向于自己去做事情，毕竟你知道自己的能力。虽然这种方法在短期内可能会让人感觉高效，但长远来看，它会使压力增加，因为你是在“拆东墙补西墙”，你的主要工作还在那里没完成。这种缺乏适当放权的做法也会消耗同事的精力，以及减少他们的参与度。他们会养成被动完成工作、主动让你为他们解决小问题的习惯。当别人这样对你时，你也会这样想：“既然无论如何最后都有人仔细检查一遍，我又何必自寻烦恼做那么好呢？”

- **让你忽视重要的优先事项。**人们会关注他们不信任的事情，而忽视其他一切。比如，比尔一直忽视上司让他更有战略性地思考问题的要求，因为他总是忙于日常任务，检查他不够信任的同事的工作。结果，上司找了部门里的其他人来规划如何应对某段时期的繁重工作，这导致比尔被分配了更多的工作。
- **让你自毁前程。**如果他人因为你的缺乏信任的问题而开始认为你没有价值或对你有抵触情绪，那么你可能就不会有机会在组织中成长或晋升了。由于比尔花了太多时间反复检查和质疑其他同事，他的上司和同事都开始怀疑他是否太刻板了。尽管他经验丰富，但他只能眼睁睁地看着其他几位同事进入管理岗位，而自己从未得到这样的机会。

有几种方式可以让你迅速与同事建立信任，而并不仅仅依赖于多年的并肩工作或团建活动。你只需从新的角度看待信任。以下是你可以建立信任的 4 个关键点，这样你的日常互动就不会因为缺乏信任而充满微压力。

从他人需求的视角审视自己的能力

与其向所有人宣扬你的专长，不如找出自己的技能和能力与同事的需求相契合的点，并专注于这些领域。安排探索性会议，多提问题，看看你的能力如何能帮助他人实现目标。创造双赢的局面，并将共同的成就归功于他人。比如，经验丰富的产品开发经理阿扎姆的工作发生了变动，当他必须与一个新的团队从零开始建立信任时，他的做法是努力寻找自己可以给团队赋能的机会。他召开“民主会议”，让每个人都畅所欲言。起初，团队成员都很矜持，但随着时间的推移，他们提出了更具挑战性的问题。当阿扎姆清晰地表达出他以前的经验如何能够帮助和支持团队现在正在做的工作时，团队也清楚了他们可以在哪些方面信赖阿扎姆。

建立基于能力的信任

当人们相信你言之有信，并有能力兑现承诺时，他们就会对你产生基于能力的信任。在某种程度上，这种信任就源自你在项目和任务中展示的能力与出色的表现。不要指望简单地说一句“我能做到”，别人就会相信你。要展示你以前的成功案例或创新方案。具体的案例能让人们从半信半疑迅速地转变为想进一步了解你的能力，并思考如何利用你之前的案例解决他们的问题。你还可以坦诚地告诉人们你的专业领域，即你真正擅长什么，不擅长什么，这有助于别人建立对你的信任。只要你明确自己的独特价值，不对专长之外的事情指手画脚，就能避免被拉去做自己并不擅长的工作。在适当的情况下，愿意承认自己在知识或专业技能方面的不足，反而会让他人更愿意相信你说过的那些你擅长的事。这也会鼓励他们表现出自己脆弱和真实的一面。信任就是建立在这种真实的联系之上的。

通过比较自己在新团队和以前团队中的领导工作的内在联系，阿扎姆建立了基于能力的信任。他找机会提出了自己的解决方案或经验，用于解决团队正在努力解决的问题。他还承认自己在某些领域并不是专家，从而进一步建立了团队对他的信任。

展示你的可靠性

要确保你会信守承诺，并且在设定期望的时候要现实一点，即使这意味着有时你要提出反对意见或说出高层领导不一定想听的话。无论是在“民主会议”上还是其他时候，阿扎姆都在团队内部建立了坦诚沟通的机制。他随时向团队通报可能会影响到他们的任何变化，明确他和其他领导对团队的期望，并强调他会言出必行。在几个月的时间里，他多次为团队出头，这很好地证明了他确实会信守承诺。

建立基于善意的信任

这种信任建立在人们相信你是真的关心他们的基础上。跟同事或客户共事时，你要了解一个人的全貌，而不是仅仅了解他们完成工作的一面。你要时不时地跳出工作关系的局限，与同事或客户在工作之外的话题上深入交流，比如爱好、兴趣或抱负。你要表现出想要更多地了解他们，就算还没有找到共同点，也要在工作之外与他们建立联系。当人们在日常工作的纯粹功能性需求之外还感受到另一种联系，并找到彼此的共同点时，就会触发基于善意的信任。在了解新团队的过程中，阿扎姆也花时间与他们进行工作之外的交流。他每两周组织一次午餐会，找一间能看到风景的会议室，邀请有空的同事一起参加。他们谈论体育、爱好、家庭等话题，从而建立起工作之外的个人联系。

只有真实地对待周围的人才能让你获得他人的信任。你不必为了跟同事建立深厚的信任关系而投入全部精力，但你可以找到一些小方法来促进信任的建立。当别人信任你的时候，就有可能愿意为了你的利益而采取一些有风险的行动。他们会与你进行坦诚的争辩，相信你跟他们一样都会努力推动共同的利益，而且他们很可能会把你的为人和成就分享给更多的人。在我们采访的人中，有许多人的个人成长，以及他们有机会以符合自己价值观与愿望的方式去施展才能和兴趣，在很大程度上依赖于他们与他人建立起来的信任基础。事实上，有时人们获得新的机会，仅仅是因为上司觉得需要一个他可以信任的人。

运用前面提到的这些方法，你可以分阶段逐步建立信任。你不需要依赖多年并肩工作这种途径，也能建立起老同事之间的那种信任。你可以重点关注自己的工作技能和能力如何给团队的工作提供帮助，从而逐步建立信任。

微压力 9：二手微压力

大多数人都曾在工作中遇到过把压力“挂”在脸上的领导、同事，甚至是团队里的职场新手，这些人会不断向周围辐射压力。不知道为什么，你的焦虑会因为这些同事不断散发出的压力和担忧而升级，甚至他们的肢体语言和说话语气也会让你感到不安。你会被他们传染，把他们的微压力变成你的。

二手微压力对人们产生直接影响的方式多种多样。当看到同事承受压力时，你会怀疑他们能否及时完成任务，进而会担心团队的整体交付进度。或者，你可能会担心直接下属因压力太大而犯错误，从而让你难堪。

当人们表达因担心错过最后期限而坐卧难安，接下来的工作计划根本完不成，或跟别人抱怨自己的工作量太大而倍感压力的时候，二手微压力就会扩散。此外，微压力也会通过如语音、语调等身体暗示的方式传播。仅仅是观察那些压力大的人，尤其是同事或家人，就会对你的神经系统产生直接影响。一组研究人员发现，仅仅通过观察一个压力过大的人，就有26% 的人会出现皮质醇水平升高的现象。甚至，通过现代通信技术，他们可以同时向很多人传播挑衅的观点或咄咄逼人的问题。此外，二手微压力还会造成一些不太明显但同样具有挑战性的次生微压力：

- **二手微压力会毁灭创意灵感。**心理学研究已多次证明，微压力的增加会减少大脑的创造性思维和新想法。反过来，创造力的减弱会使你对加入从事创造性、吸引人的项目的团队失去兴趣。此外，经历过较严重的二手微压力的团队在人际交往中更容易焦虑，更容易分心，效率也会下降。
- **二手微压力会放大焦虑。**二手微压力会从一个人传递到另一个人，并随着时间的推移反弹回去。如果不知道焦虑的源头，人们就会毫无保护地暴露在他人的焦虑行为之下，将他人的压力内化并传递给其他人。这就像一场情绪化的传话游戏，每个人都会把压力传递给下一个人，如此循环往复，信息传递的速度会进一步加快。远程工作加剧了这一问题，因为大多数虚拟互动都是按计划进行的，所以人们无法提前察觉别人的压力迹象，从而错过了许多细微的机会，否则他们就有可能在压力扩散之前将其处理掉。
- **二手微压力会扼杀动力。**当人们与承受着较大压力的人互动时，焦虑就会被传播出去，如果你在这样的环境中工作，就算仅仅是看着那些焦虑的人，都会让人不禁怀疑，人们承受这些压力是否值得。人们会走捷径，不再在乎自己的工作质量，因为已经吸收了太多的二手微压力而不想全力以赴，并认为工作不值得投入。

对许多人来说，在新冠病毒感染疫情期间，每天都会感受到二手微压力。以一家知名咨询公司的经理贾丝明为例，来自团队的二手微压力几乎让她崩溃。疫情暴发时，她所在小组的六十多人都开始居家工作。随着疫情的持续，贾丝明看到有的同事身心疲惫，尤其是双职工家庭，由于所有学校都实行了远程教育，而可选的日托又十分有限，因此他们还必须全天候照顾孩子。

疫情最严重的时候，贾丝明觉得她把一半的时间都花在跟同事沟通上。她尽力帮助他们，让他们在照顾孩子的同时也能保证居家办公的质量。看到他们在工作和家庭之间分身乏术又努力挣扎的样子，贾丝明睡不好觉，做事难以专注，工作也积极不起来，同时，她还觉得愧疚，因为她的孩子已经十几岁了，不像同事的孩子那样要占用家长很多的精力。同事的焦虑变成了她的焦虑。而无论贾丝明如何掩饰她的焦虑，都会加剧同事的焦虑。她告诉我们："我觉得自己陷入了压力的无尽循环中，这也影响了我的家庭生活。我甚至无法把注意力集中在瑜伽上，而瑜伽一直都是我的一个重要的'避难所'。我的思绪不断地回到团队那边，回想我有没有做什么来帮助他们。"

人们常常受到二手微压力的影响，并认为自己对此无能为力。实际上，你们只要在工作方式上做出一些微小的改变，就能显著减少二手微压力的危害，并提高每个人工作和家庭生活的质量。

人们很容易被他人的微压力侵扰。不过只要你能意识到这一点，就能找到办法，不让次生微压力渗入你已经充满主要微压力的日子。

不要扩大压力循环

留意自己的情绪反应。必要时，花点时间让自己冷静下来，重新调整情绪。不要让别人的压力使你进入一种低效或防御性的状态，从而进一步助长二手微压力的循环。试着专注于呼吸，出去散散步，尽量让谈话变得幽默有趣，或使用其他能消解压力的方法，都能帮助你积极面对这种情况。

换位思考

采用一种共情的、不责怪他人的视角处理问题。你要认识到别人可能也是压力的承受者，这些压力来自他们感到的期望以及时间紧迫性。跟他们一起找出生活中那些不明显的、激发压力的因素。带着好奇心引导谈话，了解是什么制造了他们的压力。

给人们带来压力的原因往往来自不同的方面。弄清楚他们此时的期望和目标，这样你就能指导他们完成这些目标，而不会再把压力外化给周围的人。

例如，压力的扩散可能不是因为客户要求苛刻，而是因为一个人不善于分清轻重缓急。高绩效精英往往承担了太多的工作，因此有时无法达到他们应有的水平。

帮助他人识别微压力，遏制传播

为了帮助人们理解他们的二手微压力是如何影响别人的，你先描述一下它是如何影响你的。使用第一人称，描述你对他们的二手微压力的情绪反应，以及它对你的生活产生了哪些具体的影响。这里的挑战在于，如果人们认为你的这些描述是在批评他们，或者他们看不到自己的行为是如何给别人带来压力的，那么他们可能会产生防御心理。但如果他们意识到自己的压力对他人造成的影响，他们往往会更愿意控制自己的压力，而不是将其外化。

微压力 10：老板、同事或整个人际网络的政治斗争

如果工作环境中充满了带有政治色彩或明显不公平的决策，那么很少有人能对压力免疫。争强好胜的同事本来就会消耗我们的精力，何况他们并不总是以公开的方式发起竞争。一些政治斗争可能非常微妙，但杀伤力却很强。总之，种种微小、不明显或微妙的政治斗争充斥在我们的生活中。

你可能感觉到了有什么隐秘的事情，并为此担心了好一阵，你跟许多人拉近关系，想了解一些“政治内幕”。或者，你可能注意到，人们会巧妙地将同事挤出最有利的位置。这种政治斗争会以多种方式造成微压力。比如，每当人们感觉到有什么事情正在发生，但自己完全不知道该听从谁的意见，也无法参透各种谈话背后的动机是什么的时候，就会感到焦虑。当人们迫于无奈而支持自己不认同的目标或行动，或者使自己与其他群体产生冲突的目标或行动时，自然就会感受到微压力。甚至仅仅是意识到政治操控意味着他们对自己的职业生涯并没有多大的控制权，也会让他们感到压力。因为人们会猜测每一种情况，并且会做更多超出必要的工作，以求万无一失。

康纳遇到了一个不得不面对的情况。他的经理和公司另一个部门的经理就一个联合项目在邮件里来来回回地争论，并且将邮件抄送给了康纳和

其他几位同事。两位经理公开争论如何处理一个棘手的资源分配问题，其中涉及康纳的时间安排。另一个部门的经理给整个团队发电子邮件，不断提出异议，却避免直接回答问题。有几个被抄送了邮件的人也大胆地发表了意见，导致事态升级。最后，一位同事建议两位经理私底下讨论分歧。

这已经不是康纳第一次看到两位经理因为他的时间和工作安排而发生争吵了。两人的分歧通常是微妙的，有时更像是被动攻击，但收到邮件的每个人都清楚，这两位经理对彼此都很恼火。当康纳的经理催促另一个部门的经理解决问题时，这位经理就偏偏避而不答。

康纳对此很是担心，私下里与几位同事讨论这件事。他说："这对我来说太尴尬了。"他不知道自己做了什么，引发了这场争论。他现在发送每一封邮件都要反复思考，要不要他们俩一起抄送？还是只抄送自己的经理？他告诉我们："这场争论与我的时间分配有关，但他们显然无法达成一致，而且争论很快就升级了，这真的让人很不舒服。"

大多数人都有过类似的经历，他们慢慢意识到发生了什么事情，但又不清楚究竟是怎么回事。无论是直接还是间接地陷入职场政治斗争中，人们都会感到各种形式的次生压力。

- **政治将会放大人们自身的压力。**当你与朋友或重要的人说起职场政治斗争的不公平时，他们会本能地共情你。尽管他们并不了解事件的全貌，但是他们的反应会强化你本来的信念，即事情不公平或事态对你不利。他们善意的回应只会加深你的压力和愤怒。我们一边在努力化解因周围人的政治斗争所带来的压力，一边又在火上浇油，让事情变得更糟。
- **人们会陷入倦怠的怪圈。**由于职场政治因素作祟，当人们无法获得他们成功所需的预算、赞助、重要信息等资源的时候，会发现自己和团队就需要比平时付出更多才能弥补不足。当然，过度工作最终会让人垮掉。可是，感觉自己在工作中没有得到公平对待，又不得不为这种不公平而过度补偿，这会带给我们更大的压力和职业倦怠。

- **政治斗争会让人们脱离核心圈。**发现自己在阴谋中总是处于下风，会让人们觉得自己是组织中的局外人。这里指的并不是在一场有输有赢的重大政治斗争中落败，诸如内部竞争对手获得了更高的晋升之类的，这里指的是更微妙的政治较量，比如预算决策、对你的提议的认可和支持等，这些互动最终会影响你对自身在组织中的定位。于是，你越来越不确定该如何定位自己的项目才能获得他人的支持，甚至动不动就自我怀疑。当人们陷入一个难以摆脱的消极的循环时，压力水平就会上升。它削弱了人们有效工作的能力，并使他们逐渐与组织疏远。

康纳不想卷入两位经理之间微妙的权力斗争之中。他决定另辟蹊径。后来，当他再次被选中参与跨部门项目时，他早早地就开始利用自己的人际支持网络，以确保项目能够成功。

他先是弄清楚围绕新项目可能会出现哪些政治问题。为此，他与部门领导和重要的知情人沟通，收集他们对新项目的意见。一旦他摸清潜在的危险或隐秘事件，了解了其中的奥秘，接下来，他就能游刃有余地应对。

这些沟通让康纳意识到，如果在一开始能对项目范围进行一些小的调整，那么就能让几位关键领导放心，从而有助于获得他们的政治支持。这些调整对总体目标的影响很小，却有助于扫清道路，避免项目日后受到挤压。康纳告诉我们："你可能会认为建立这些联盟并与他人合作会增加我的压力，使项目变成某种高风险的政治斗争，但事实恰恰相反。一旦他们看到大家的利益是一致的，他们就会自愿参与支持项目，因为这也符合他们的自身利益。因此，我的生活变得更简单，压力也更小了。”

无论政治斗争多么微妙，只要你发现自己处于一场难以言说的权力斗争的夹缝中，就会感到一波又一波的微压力。你会开始反复思量自己知道什么，不知道什么，能控制什么，不能控制什么。但你不必让这种情况发生。

与关键人物结盟

首先，让有影响力的人物参与进来，因为他们人脉广泛，能左右许多人，从而让你在政治斗争中占得先机。与那些会直接影响你工作进程的人沟通。为了发现你可能不知道的其他重要影响者，在每次沟通结束时，问问还有谁会关心这个话题，谁的优先事项可能略有不同，从而可能会影响你的项目进展。你几乎总能找到关键人物，他们会对其他人是否接受你的计划和想法产生极大的影响。

然后，与这些有影响力的人沟通，了解他们的核心优先事项或痛点，并想办法解决他们的问题。在你擅长的领域向他们提供帮助，并与他们长期保持联系。像这样预先投入一点时间和主动性可以促使这些有影响力的人支持你的努力，而不是让它们化为乌有。

让你的朋友圈发挥作用

通过间接联系人影响那些具有话语权的人，关键是要找出这些具有话语权的人容易受谁的影响，可能是他的高级助手、过去的同事或私人密友，然后你要设法通过这些人传递信息。在我们的一次采访中，一位经理描述了她是如何通过前任领导开展工作的，因为前任领导对她想要影响的人有相当大的影响力，可以代表她向对方传达正确的信息和观点。尽管她的前任领导所提供的信息与她自己要提供的信息是一样的，但是从前任领导口中说出就更有说服力，她自己讲可能就很难达到这样的效果。

职位与利益分离

利用你的人脉了解参与政治斗争的人的历史和隐藏动机。在每一个明确表达的立场之下，都有一个潜在的意思。比如，“该部门应向首席财务官报告”，潜台词可能是“不一致的财务决策正在伤害组织，需要解决”。你如何发现这些潜在的利益关系呢？你可以找到相关知情人，他们对情况有更深入的了解，可以提示你应该往哪里发力。

消耗你情感储备的微压力可能比削弱你能力的微压力更具挑战性。在我们的研究中，最可悲的人是那些心地善良、一味地承受微压力打击的人，他们总是自己苦苦支撑，而不是想办法驾驭压力。久而久之，缺乏积极的应对措施给他们的生活品质造成了寒蝉效应[①]。结果，他们要耗尽所有的情感能量来抵御这些微压力。

但是，还有一种微压力更令人头疼。它是一种挑战你自我认同的微压力。我们将在下一章中探讨这种微压力是如何产生的。

---

① Chilling Effect，一种负面效应，指的是人们因害怕遭受法律惩罚、高额赔偿或其他严重后果，而不敢公开发言、参与某些活动或行使正当权利的社会现象。因类似于蝉在寒冷中不敢发出声音而得名。——编者注

化解微压力 Tips

1. 常见的会消耗人们情感储备的微压力有 5 种，尽管它们常常出现在人们的生活中，却并不总是显而易见的：

    - 管理和支持他人。
    - 对抗性对话。
    - 缺乏信任。
    - 二手微压力。
    - 老板、同级别同事或整个关系网络的政治斗争。

2. 通过改变你与人交往的方式来对抗消耗情感储备的微压力。多与那些能给你带来能量和快乐的人相处，减少和那些让你情绪低落的人的接触。在某些情况下，你可能需要与那些长期带给你负能量的人绝交。

3. 消极互动的影响是积极互动的 5 倍之多。清除一些消极的人际关系，会对你的整体微压力水平产生显著影响。

THE MICROSTRESS EFFECT

THE MICROSTRESS EFFECT

第 4 章

挑战自我认同的 4 种微压力

挑战自我认同的微压力是最难被发现的，它是那种当你被要求做某件事情时不舒服的、让你感到失衡的感觉。

蕾切尔从一开始就对晋升犹豫不决。她在一家中型银行工作，当上司举荐她进入管理层时，蕾切尔曾担心自己缺乏新职位所需的经验。上司向她保证说：“蕾切尔，你非常优秀。大家都认为你是一个很有潜力的人。我对你充满信心！”上司还说，蕾切尔已经得到了公司其他高层领导的认可。于是，她抛开疑虑，接受了这份责任倍增的工作。

但是，一到新岗位，她就开始感到不自在。因为现在她不得不对别人说“不”，并且要迅速做出关于项目优先级和员工晋升的决定。她的决定影响了她深切关心的人。当然，她知道这些决定是工作的一部分，但别人期望她做出这些决定的速度，以及她在做出这些决定时应该使用的语气，都让她觉得不对劲。她更善于用灵活变通的方式解决问题。她对我们坦言：“我不喜欢冲突。多年来，我与人合作的方式相当有效，不需要诉诸冲突。”在新的岗位上，她希望做到公正和体恤下属。她不会对任何事情仓促做出决定，而是征询团队的意见，偶尔也会在得到反馈后改变自己的观点。

然而，几个月后，上司告诉她，她行事不够果断，并说道："蕾切尔，这是一个快节奏的行业，你必须毫不含糊地提出自己的要求。我需要你勇于接受成为一名经理的挑战！"这让蕾切尔感到不安。她相信，自己可以通过与团队建立牢固的关系来实现目标，而不是通过命令来完成。她告诉我们："这对我来说是一个打击，就好像在说，'是啊，即使你是凭本事得到这个晋升的机会的，你也不能指望靠吃老本就能胜任，因为那还不够'。"在蕾切尔看来，这不仅是一个需要成长以适应工作要求的问题。她说："他想要一个小号的自己，一个和他一样敢于对抗的人。"

起初，她责怪自己管理能力不够，并开始效仿上司的做法。她发送的电子邮件变得直来直去、毫不客气，在走廊上拦住同事直接检查他们的工作，甚至连一句招呼都不打，或者在会议上模仿上司的粗暴语气，以免被认为软弱、好欺负。可是，这样的日子让她感到一天比一天更痛苦。团队中她曾视为朋友的人都与她疏远了。她看到他们聚在一起吃午饭，却不邀请她。下班回家后，她仍情绪低落，要先喝点酒排解情绪，然后才能跟家人好好聊天。她开始找借口不参加读书小组的活动，比如在最后一刻说有太多事情要做而无法参加。她知道自己对孩子也变得没有耐心了，因为她无法摆脱工作的压力。一天晚上，酒过三巡，她向丈夫吐露了心声。她对丈夫说："我知道自己能胜任这份工作。我想我能成为一个好经理，但我不喜欢现在的我。我不确定这次升职对我是不是一件好事。"

有时，人们说不清自己为什么下班回家后心情不好，而那天并没有什么明显不好的事情发生。他们只是心不在焉或不开心。他们没有意识到的是，个人生活和职场中的人际关系带来的种种挑战，可能对他们的身份认同造成影响，这些微妙的挑战无形地积压在他们身上，日复一日、周复一周。也许你会把自己的压力传递给团队中的某个人，尽管你知道他们正在努力跟上你的步伐。你也知道这样做不好，但你自己也压力重重，于是你向压力妥协，放弃自己原有的价值观。又或者，因为某人在“政治上”不受欢迎，虽然你知道他应该得到晋升，但还是取消了他的晋升机会。自我认同面临的挑战，发生在一系列微小的瞬间，并且以源源不断的形式向你袭来。人们可能不会停下来思考每个决定对他们的影响，但他们知道自己感觉不太对劲。

挑战自我认同的微压力比削弱能力或消耗情感储备的微压力更难发现。一旦你静下心来，削弱能力的微压力是显而易见的，消耗情感储备的微压力也一样容易发现。而挑战自我认同的微压力是人们在工作或个人生活的互动中慢慢累积起来的，人们对此已经习以为常。我们采访的许多人都与我们分享了这样的故事，即工作中的互动是如何慢慢地、一点一点地使他们的价值观发生了改变，就像发生在蕾切尔身上的事情一样。直到有一天，当他们停下来看的时候，他们已经不认识自己了，他们只是莫名其妙地变了。对于那些主要以工作来体现自我价值的人来说，这种情况尤为突出。当工作是确定自己是谁，以及体现自身价值的主要方式时，人们发现自己会受困于角色身份，因为他们处于一个大环境之中。但这也很容易让他们成为自己不想成为的人。正如一位受访者告诉我们的那样：“我已经变成了一个我以前不喜欢的人。我甚至不知道这是怎么发生的。”

在采访中，我们经常听到许多成功人士描述他们人生中的残酷时刻，就是他们终于明白，自己花了 3 年、5 年甚至 10 年的时间追求的，却与他们职业生涯最初想要的相冲突。他们的醒悟听起来往往令人心碎。一位女士告诉我们，她原以为同事都是真正的朋友，直到她感染了新冠病毒，才发现根本不是她想的那样。同事都知道她一个人住，却没有一个人问问她怎么样了。她给所有的同事发邮件说她真的很难受，却没有一个人问她需不需要帮助。还有一位男士告诉我们，在一次家长会上，他意识到十几岁的儿子根本不知道他在一家全球投资银行做什么。儿子跟历史老师说他爸爸是一个“强盗资本家”。这位父亲意识到自己很少以积极的方式谈论工作，不是因为工作太复杂、难以解释，而是因为他并不为自己对世界做出的贡献感到自豪。

经过反思，许多受访者意识到，多年来的微小选择换来了某一刻的觉醒。那些顿悟的人是幸运的，因为还有许多人从未发现，他们今天的生活与他们曾经珍视的价值观和身份是不一致的。事实上，在我们的采访中，一个常见的主题是，一个传统意义上的成功人士在职场上获得了前所未有的成就，背后存在着一次或多次离婚、对孩子完全不了解、健康状况岌岌可危等问题。这些挑战他们自我认同的微压力，通过一次次的微小决定，让他们走上了一条他们从未打算要走的道路。

工作以外的经历和人际关系也会改变人们的价值观。人们看到其他人用社会地位和财富来衡量成功，于是他们也开始采用这些标准。这些社会攀比往往是在人们意识不到的情况下快速发生的，它们会让人们对生活中现有的东西产生不满，并引导他们以挑战自身价值观的方式追求物质财富。人们在不知不觉中吸收了他人对成功的定义。为此，他们可能要付出惨痛的代价。在你阅读这些内容的时候，我们相信你一定能想到某个人，你认为他的人生因为专注于错误的事情而变得糟糕透顶。在我们的研究中，受访者经常谈到他们的错误是“步子迈得太大”，他们给自己施压，为了住进更豪华的房子，他们牺牲家庭生活，或者接受一份通勤时间更长的工作，只是为了满足他们对所谓的成功的期望。但这种形式的成功总感觉不太对劲。

因为挑战自我认同的微压力是最难被发现的，所以你必须对它们的微妙迹象保持警惕。我们可以把它描述为，当你被要求做某件事情时，那种不舒服的、让你感到失衡的感觉。比如，虽然你不喜欢那个人对你提出的要求，但这只是一件小事，所以你就答应了。或者，你错过了女儿的数学比赛，感觉有点愧疚，然后跟自己说下次去吧。我们这里谈论的并不是由欺骗行为、玩弄手段，或者有违人伦的、违法的行为所引起的压力。相反，那些挑战自我认同的微压力一般很难察觉，只是无论你在心里怎么辩解，你对自己所做的选择还是隐约感到不舒服。

人们要识别出挑战他们自我认同或价值观的微压力是比较难的，因为它们是随着时间的推移慢慢累积起来的。人们通常只是把这一类微压力当成工作或家庭责任的一部分，逐一接受。不过，只要能识别出它们，人们就可以进行反击，重塑互动模式和人际关系，让自己成为想要成为的人。让我们来看看 4 种常见的此类微压力的来源，它们往往通过潜入人们的日常生活来挑战他们的自我认同。

微压力 11：与个人价值观的微妙冲突

当你面对明显感觉错误的选择时，很容易做出判断。但微压力会以不那么明显的方式挑战你的价值观。首先，这种情形往往隐藏在日常生活中，不那么显眼，风险也较低。比如，有人让你在项目中“走捷径”，以确保能按时或按预算完成任务，尽管会牺牲一部分质量。其次，这种情况更为复杂，其中的复杂性和可控制性不那么明朗。比如，你们公司的一个客户可能在从事破坏环境的业务，或者制造武器零件，或者有一个备受争议的首席执行官。再次，你可能不认同你所在的公司的某些价值观，它主要体现在你非常关心你的直接下属，但公司似乎并不重视他们的职业发展。

至少从表面上看，这些事情都不会对你产生直接影响，但这些微压力会侵蚀你的灵魂。即使某个决定让你不舒服，即使你觉得哪里不太对劲，你可能认为有必要这样做，因为周围的人对此充满热情，他们的热情会驱使你深陷其中。于是你的价值观和你的行为经常脱节，比如，在那些需要进行合作的销售工作中，如银行、软件或咨询等行业，经常会出现夸大客户预期的情况。当客户发现到手的产品和销售描述的不一致，并表达不满时，就不得不需要一些人处理接下来的负面互动的工作。

除了这些直接影响，与个人价值观的微妙冲突还会产生次生影响，这些次生影响会通过人际关系的互动反馈回来。有些次生影响，如工作热情降低、把微压力带回家等，与其他微压力相同。但有一种影响是挑战人们价值观的微压力所独有的，那就是被困住的感觉。

为什么你会有被困住的感觉

当事业发展顺利，你却感到被困住时，就会出现真正的认知失调。然而，这个问题不容易解决。一部分的你会为工作与个人价值观的冲突做辩解，比如，你要养家糊口，如果辞去现在的工作，你会失去很多，包括资历、辛苦建立的关系网络、在当前工作中赢得的信任等。因此，你选择性地忽略了公司行为中与你的价值观相冲突的部分。再次强调，我们指的不是对腐败或涉嫌违法行为的视而不见。这里所指的行为远没有那么明显。比如，你可能会因为公司没有为员工提供足够的心理健康福利而不满，也可能会觉得公司对临时工不够尊重。为了自己和家人的利益，你不得不从事一份漠视他人福祉的工作，这种持续不断的微压力会降低你的生活满意度。

莱斯莉是一家大型零售连锁店的区域经理。她负责公司在美国境内近 20% 的实体店。这些门店为成千上万的人提供了就业机会，让数百万顾客买到了物美价廉的商品。公司引以为豪的是其激进的成本管控政策，但莱斯莉有时认为公司对员工和供应商的行为不太可取。比如，公司给女性员工的产假非常短；公司对供应商的违约条款也非常苛刻，只要供应商出现违反条款的情况，无论出于何种原因，公司都会解约并收取违约金。

为了适应此类政策，莱斯莉对工作逐渐感到麻木，她在公司里也越爬越高。她不想过多地关心周围的人。她对工作的热情和积极性也越来越少，她觉得周围的人也越来越麻木。她和同事一起完成工作，但除此之外，她很少与任何人建立工作关系之外的联系。

但有一年，莱斯莉和丈夫在阿姆斯特丹海港观看新年前夜的烟花时，经历了顿悟时刻。由于孩子都已长大成人，且不在身边，他俩决定好好享受一次为期 3 周的欧洲旅行，从日常的工作压力中解脱出来。莱斯莉思考着新年的目标和计划，她突然明白了为什么自己在工作中会变得如此疏离。多年前，她的第一任老板曾对她说："我们做业务是为了给股东提供投资回报，这是我们做任何事情的底线。"当她思考新的一年的重点目标时，她意识到，不去关心与自己一起共事的人，让她的生活十分苍白，这不是她想成为的人。她告诉我们："我一直在想多年前母亲对我说过的话，'想想你希望自己的悼词是什么样的。你希望他们说你在帮助公司赚钱方面相当成功？还是希望他们说你让世界变得更好了一点？'"

切实可行的前进之路

一旦看清价值观缺位对自己的影响后，莱斯莉开始制订她所谓的人生振兴计划。在从欧洲回来的飞机上，她列了一份对她来说非常重要的价值清单。然后她把这份清单分成了 3 个部分：可以在工作中实现的价值、可以在工作之外实现的价值，以及当时她在生活中似乎不可能实现的价值。

莱斯莉对可行性有着现实的认识。她告诉我们，“我没有像《甜心先生》中那样的时刻”，她指的是汤姆·克鲁斯在电影中扮演的角色良心发现，写了一份经纪人工作的职业指导宣言，这份宣言与公司追求利益最大化的目标背道而驰。莱斯莉说：“但我确实努力找到了一些小方法，让我的世界变得更美好。”在接下来的几个月里，她推动了一项指导计划，用来帮助在当前管理结构中代表性不足的群体。她还说服执行委员会支持一个试验项目，将滞销的库存转化为资金，用于支持当地的食物赈济处。她还开始与其他区域经理合作，倡导更负责任的产品采购方式。她给其他经理演示这些举措的时候，重点放在这些举措不需要花钱，却能给公司带来无形的好处上。同样重要的是，她告诉其他经理，这些举措对她来说是充满意义的。

她说：“一年后，我每天早上醒来，都迫不及待地想去上班。当然，公司仍然在做一些我个人并不赞同的事情，但你必须进行你的‘战斗’。我的新举措帮助我做到了这一点，同时也激励和鼓舞了我的直接下属，甚至一些同级别的同事。”

我们并不是建议你在一夜之间发生转变，去追随自己的自我认同和价值观，并戏剧性地改变一切。对于许多人自身，以及那些依赖他们的人来说，这样做风险太大。不过，我们确实发现，许多受访者，比如莱斯莉，能够做出一些小的改变，这些改变对他们在工作和家庭中的自我意识都产生了重大影响。但不管怎样，你必须认识到挑战你自我认同的微压力是如何吞噬你的，以及你绝对不能坐以待毙。

对自我认同的挑战可以非常微妙地潜入你的生活。但是，一旦你意识到它们的存在，你就能找到有效的方法来应对它们。

发展你的个人追求，并对此保持清晰的认知

也许你目前的工作并不完全符合你的价值观，但你仍然可以想办法让其中的一些元素更好地为你服务。思考以下 3 个问题：

- 未来 5 ～ 10 年，你想在工作中运用哪些专业知识？
- 你希望通过这项工作体验或践行什么样的价值观？
- 你希望通过自己的职业角色塑造怎样的身份？

虽然你目前的工作与你的答案不能完全吻合，但这并不意味着你不能在每天的工作中找到或创造一些对你有意义的时刻或体验。寻找一位拥有你所需要的专业知识的导师，与那些与你有相同价值观的同事交流，制订一个获得这些经验的发展计划，即使你必须在工作中寻找额外的机会或项目，也要去争取。从长远来看，即使工作量暂时激增，但如果能有利于你在未来获得有意义的工作机会，那也是值得的。你越是投入，你的工作角色就会越符合你的价值观。在个人生活中也是如此，写下你想成为的、对你而言很重要的身份：运动员、朋友、家庭的经济支柱、维护社会正义的战士、音乐家或艺术家等。在我们的研究中，你可以清楚地发现，那些幸福感很强的人，对他们想要发展的专长和想要实现的价值观的认识都非常清晰。相比之下，在这些问题上模棱两可的人，几乎总是被他们所处的环境塑造，而不是去塑造环境。

创建仪式，帮助你评估自己在实现理想方面的表现

定期进行自我评估，包括写周记，每月与伴侣进行讨论，或每季度检查你认为在个人和职场生活中发生的重要事情。在我们的研究中，有一个人每个月都会抽出时间与伴侣和子女一起回顾家庭价值观，分享过去的一

个月里能够反映这些价值观的活动，并讨论他们在哪些方面遇到了困难。无论你采用哪种方法，都要评估自己的进展，然后有针对性地采取一切可能的行动来弥补你发现的差距，并根据需要修改你的目标。在理想情况下，你最好能够与生活中最依赖的人，比如伴侣，也许还有孩子，一起来完成，并创建一个相互促进的系统。

要认识到，你不可能每天 100% 地践行自己的价值观

你肯定会有时候不认同你所在的组织中的一些行为，但这就是生活。要想清楚你最重要的奋斗目标是什么，尽你最大的努力与支持你价值观的工作、客户和领导建立联系。当发生与你的价值观相背离的事情时，你需要决定有没有必要解决冲突。

我们采访过的一位经理告诉我们："我总是希望能为解决问题贡献一份力量。我愿意接受挫折和个人牺牲，为后来人以及与我共事的基层员工创造更好的条件，因为归根结底，我认为我影响他人的能力才是真正重要的。"但是，你的筹码有限，你必须决定将你的影响力用在哪里，如果什么都要争，最终你可能会失去信誉。

微压力 12：自信心受损

即使你还没有明确自己的价值观，你也可以从自己引以为豪并擅长的事情中找出一部分，但微压力可能会阻碍你做这件事。一位受访者告诉我们："我的职业生涯一开始很顺利，因为我在专业领域的工作深受尊重。但现在这个角色让我难以忍受，因为我最关注的就是不要犯错，而不是如何做得更好。"

削弱你自信的微压力并不一定来自某个特定人物，比如对你寄予过高期望的老板。相反，更典型的情况是，它们来自这个超级互联世界中的工作挑战。你的自信可能在不知不觉中被动摇，比如，当公司给你的角色定位或绩效管理方式让你感觉几乎不可能做到时。当你置身于一个过度强调包容性的文化中时，也会发生这种情况，因为在这种文化中，做出任何决策都需要众人参与，这使得推进任何事情都十分困难。或者，由于你承担了太多任务或责任，所以你不得不放弃追求最好的或最正确的结果，而是退而求其次，只希望赶紧推进工作。因此，即使你认为自己是一个认真负责、勇于创新的员工，或优秀的管理者，但你的表现并没有反映出这些特点。尽管这种认知与行动之间的脱节并非你的错，但你最终会因此感到挫败。

自信心或控制力经常受损还会产生破坏性的后果。比如，因为努力避免犯错，你可能会采取适得其反的工作方式。下面是自信心受损的两种常见后果。

- **防御性工作。**当你感到自己的工作能力不断受到挑战时，就很容易采取一种消极应对的姿态，你努力规避犯错，而不是全力以赴。你不再关注最好的想法或正确的行动方案，而是将主要精力放在避免出错上。然而，这种防御性的做法往往适得其反，因为在同事和上司眼中，你逐渐失去了原有的潜力或创造力。
- **强化受害者心态。**当你觉得在工作中无法成为理想中的自己时，往往会倾向于责怪他人，把自己看成受害者。你认为自己不仅没有得到应有的赏识，还受到不公正的待遇。然后，你可能会向亲近的家人和朋友倾诉这些不满，讲述自己在工作中是如何不被重视和忍受委屈的。他们会试着支持你。但是，由于他们只能依据你描述的信息形成判断，而且你往往会以最能博取同情的方式呈现事情的原委，于是你亲近的人会逐渐强化你的受害者心态："你的老板完全不可理喻！"听到这句话时，你可能会感觉很好，但长远来看，你的受害者心态会不断加强，直到你的情绪爆发。因此，最初来自家人或朋友的共情和支持，很可能会激化你的情绪，而不是推动你去努力改善状况。

阿里是一家大型电信公司的人力资源代表，后来被提拔到一个新的岗位，负责管理一个高规格的项目。但是，就在他全身心投入工作的时候，阿里的老板似乎微妙地将他的自信心一点一点消磨殆尽。比如，为了填补一个新职位的空缺，阿里用了数周时间从外部精心挑选合适的人选。但在一次偶然的谈话中，他得知，老板竟然很随意地告诉团队停止外部招聘，转而聘用了一名内部候选人，这令他非常惊讶。阿里之前对此一无所知，并且他是从同事那里听说的，而不是通过正式流程得知此事。这让阿里很焦虑："同事一定会认为老板不信任我，我在整个过程中像个傻瓜一样，什么事都不知道。我还一直在这里热情地与外部候选人谈论一个已经内定的职位。"

经历了几次这样的事件后，阿里逐渐失去了推进大项目的热情，而那正是他觉得自己擅长的事情。他想："反正最后都是老板自己做决策，我又何必白费力气？"他开始怀疑自己的判断力，并试着去揣摩老板会怎么做，而不是根据自己的判断去提出建议。

最后，阿里开始寻找新的工作机会。他联系了一位老朋友，也是他10年前的上司，问她愿不愿意做他的推荐人。她说："当然愿意。但你现在的职位这么好，为什么想辞职呢？"阿里倾诉了自己的心声，描述了他是如何被老板算计的。这个老板朋友也认识，她问阿里："你愿意让我联系他了解一下情况吗？"阿里觉得自己也没什么损失便同意了，但条件是她必须对阿里想要跳槽的事情保密。

一周后，她联系阿里，说她跟阿里的老板谈过了。她了解到，阿里的老板对阿里安静而谦逊的风格完全是另外一种理解。老板其实很喜欢阿里，但是一直都不确定阿里能否顺利完成任务。老板想给他更多的支持和帮助，认为分享自己的经验，甚至插手客户的工作是在帮他。然而，阿里感到的却是沮丧。真相可能就在这两个完全不同的认知之间，但如果没有人从中协调，阿里和他的老板可能永远也不会知道彼此的想法与感受。阿里很可能会辞职走人，因为他永远不会知道，老板其实是在以自己的方式帮助自己。

哪怕只是对老板的想法多了一点点了解，也给了阿里勇气，可以以不同的方式跟老板交流。现在，每次跟老板谈话之前，阿里都会先回顾一下情况，然后提出他认为可行的方案。他开始把老板视为一种资源，而不是微观管理者。通过及早征求老板的意见，阿里不仅能够确认自己是在正确的方向上推进工作，而且也让老板放心，相信阿里具有出色的工作能力，是可以信赖的。这是一个微妙而有效的改变，也帮助阿里在新的工作岗位上迅速成长。

距离当初阿里打算辞职，已经过去一年了，现在，老板给了他越来越大的决策权，阿里不需要频繁地汇报工作进展了。他们继续攻克一些大项目，且十分默契，他们从最初纠错监督的关系，逐渐转变成师徒关系，老板用心地培养阿里，教会他许多新的技能，那是他以前不曾具备的。

在一些不经意的瞬间，你周围的人常常会以他们自己都没有察觉的方式打击你的自信心。如果不及时地做出应对，这些让你自信心受损的微压力可能会毁掉你的生活。但是，你可以采取一些方法来阻止这些微压力，从而避免让自己陷入困境。

直接与当事人交流，正面解决问题

如果有人经常给你带来微压力，打击你的自信心，那么你应该主动与他交流，了解他的主要目标和痛点，并尝试从他的角度看问题。然后，尽你所能地协助他实现目标或解决问题。随着你提供的帮助越来越多，他对你的攻击性会逐渐减弱，这是用再多的事实、数据或逻辑与其直接对抗都无法实现的。随着时间的推移，事情会发生变化，因为这个人会将你视为积极的支持者和问题解决者。

通过中间人，间接解决问题

如果你信任的某位朋友，恰巧对那个给你带来微压力的人具有一定的影响力，那么，问问这位值得信赖的朋友是否愿意以不偏不倚和非对抗性的方式，向对方阐明当前的状况。因为这种方式能够让问题远离众人的视线，不仅有助于减少对方的防御心理，而且让中立的第三方陈述事实，可能会让对方对自己的行为有更深刻的认识。

加强沟通的条理性，使沟通富有成效

我们建议，在会议中要遵循基本的规则，这样将有利于区分实质性问题与人际冲突问题。这些规则包括：注重事实、比较多种备选方案、确定共同目标、尽量使用幽默轻松的方式、平衡权力结构、寻求共识但服从权威。如果你无法做到这一点，或许可以安排一个人专门负责主持会议，通

过他的主持，帮助大家审视自己是否有时过于挑剔，并帮助每个人把对事情的质疑与对某个人的批评区分开来。

微压力 13：与家人或朋友的消极互动

你有没有过这样的经历，因为急着出门而对伴侣发脾气，结果导致上班时仍然带着负面情绪？有时，这种小小的争执可能会让你一整天都心情不好。或者，你正在工作时，孩子发来了一条短信：“老师说他是不会帮我完成历史作业的，明天就要交了。”这条短信可能会让你好几小时都无法安心工作。你会在脑海里想象各种可能性：孩子是不是让老师失望了，是不是因为偷懒，老师是不是不太负责任，孩子现在是不是心里特别难受，诸如此类。但实际上，孩子只不过是想发泄一时的情绪罢了，况且，他一直都喜欢发短信。等你们见面时，他也许早已忘了给你发了什么内容，而你却为此白白焦虑了好几小时。甚至，有时你一整天都心不在焉，担心出了什么问题，想象着最坏的情况，直到你回到家，看到一切都很好。当你所爱之人需要你出面调解问题时，不管是家庭成员之间的纷争，还是孩子跟老师之间的冲突，你都会被他们的问题困扰，然后他们的微压力就变成了你的微压力。关于父母、伴侣、兄弟姐妹、孩子和朋友这些角色，我们的社会和文化往往赋予了不切实际的期待，因此，许多人经常为自己未能做得更好而感到内疚。

对许多人来说，朋友和家人是他们微压力的最重要的来源，而且这种情况常常是不易被察觉的。我们不是在谈论与疏远的亲戚之间的矛盾，也不是在谈论与以前的朋友之间直接而激烈的冲突。相反，我们谈论的是与我们最关心的人之间琐碎的日常交流，正是这些交流，常常让我们在事后感到筋疲力尽。比如，关于该由谁来筹备节日晚宴的问题，你与兄弟姐妹之间发生了激烈争吵；一位老朋友最近表达了全新的观点，结果这在你们之间引发了一场剑拔弩张的争论；父母无意中流露出，他们并不赞成你曾做出的某个小小的选择。来自家人和朋友的微压力是一种特殊形式的压力，因为它们涉及我们的终身关系，而这些关系又深深嵌入在复杂的友谊或家庭动态发展中。因为你爱这些人，或者至少与他们有着共同的经历，所以你对这些关系中的微压力的情绪反应会被放大。并且，你很难轻易地从一段糟糕的关系中脱身。

这还只是微压力的直接影响。实际上，与家人和朋友的消极互动所产生的微压力会随着时间的推移以各种方式逐渐累积并加剧。

- **滚雪球式分歧。**与家人之间的不愉快还会影响你更广泛的人际关系。你可能会发现，由于自己跟弗兰克叔叔观点不合，只要是你俩同时出现的场合，都会让其他家人感到尴尬或不知所措，于是，他们不再邀请你参加聚会。或者，你可能在餐桌上过度表达了近来对妹妹的不满，这导致你的孩子开始疏远他们深爱的姨妈，因为他们觉得一场家庭斗争将要爆发。好事不出门，坏事传千里，那些消极互动的故事会在喜欢评判你的亲友之间流传，这又会给你造成新的压力。于是，你认为必须管理好自己无意中引发的连锁反应，这又进一步加剧了你的微压力。
- **把家庭压力带到工作中。**就像你经常把工作压力带回家一样，生活中的压力也会蔓延到你的工作中，它们不仅会占用工作时间，干扰日常工作，还会分散你对重要事项的注意力。为了赶着处理一些家务事，你不得不匆匆忙忙结束了工作。由于你在工作中有所敷衍，于是又开始担心同事认为你对工作不负责任。或者，有时候同事的几句寒暄，却导致你在工作会议上花了许多时间谈论家庭纷争。然后，在这种恶性循环中，你的工作效率降低，由此产生的压力又会被带回到你的家庭生活中。

- **家庭负罪感**。从某种程度上说，在所有那些挑战你的自我认同感的微压力中，这是最令人崩溃的一种。尽管在理智上，你知道人们期望的那种完美角色是不切实际的，但你仍然为自己没能满足所爱之人的期待而不安。在你心目中，你不是合格的爱人、伴侣、兄弟姐妹或孩子，你应该做得更好。即使你已经做了很多，但你永远认为自己做得不够，那样的负罪感会加重你的微压力。

你生命中最重要的人际关系往往会带给你最多的压力。因此，要从妥善处理好这些最重要的关系开始。

调整家庭的优先事项、生活目标以及时间和精力的投入方向

从你的主要关系入手，确保定期的沟通和交流，并明确哪些目标对你们都很重要，哪些是可以做出让步的。比如，一位受访者每季度都会与妻子进行一次深入的谈话，看看他们是否就重要事项，以及在时间和精力的分配上达成了一致。还有一对夫妇则选择了一种诙谐的方式，他们会制作一份“月报”，并在每月的约会之夜进行讨论。即使这些定期的反馈都是温和的或玩笑式的，也足以促使他们好好谈谈，看看哪些方面还可以做得更好。

同样地，让孩子也参与类似的对话，让他们感受到自己也是家庭团队中的一员。问问他们，你作为家长做得怎么样。这种互动不一定非得是严肃、紧张的对话，可以只是简短地询问进展。如果你不知道问题正在酝酿，就无法妥善处理它。因此，这种定期沟通的模式，可以有效预防消极

情绪的突然爆发。

进行坦诚、前瞻性的对话以解决问题

我们的一些受访者，由于在与他人的互动中做出了某些细微的改变，就成功地将微压力降到最低。米拉是一家全球性软件公司的部门经理，在与兄妹一起协调照顾年迈父母的过程中，感到压力越来越大。一天，妹妹在她工作时打来电话，询问关于安排父亲就诊时间的问题，类似这样的一个简单的电话，有时会影响她一整天的情绪。

她坦言："当时我的态度不是很好。我的第一反应就是我是否又要请一天假，因此，我的语气有些不耐烦。"由于米拉工作繁忙，在照顾父母日常起居方面，妹妹总是承担着更多的责任。米拉一直为此感到内疚。虽然她和妹妹从未正面争吵过，但每当她们遇到新的照顾父母的安排时，气氛难免会变得紧张。米拉说："无论我们最终做出什么决定，我都会觉得自己很糟糕。"

不过这一次米拉并没有立即请假，而是冷静下来，因为她突然意识到，她和妹妹总是在做被动的决定，而不是为应对父母日益增多的照顾需求提前制订一份计划。于是，她提议两人共进晚餐，同时讨论一下今后的分工方案。晚餐时，她们都坦诚地表达了各自力不从心的感受，不仅是在照顾父母方面，在处理自己的家庭事务时也一样。米拉告诉我们："我之前并不知道她的感受。我以为她只是对我感到不满。这样坦诚的对话真的很有帮助。"她们还第一次表达了某种懊恼的情绪，因为每次都是她俩主动站出来帮助父母，不知何故，她们的哥哥从未分担任何责任。哥哥是一家咨询公司的管理合伙人，工作确实繁忙，但是姐妹俩居然也从未考虑过向他寻求帮助。她们讨厌自己竟然在无意识中落入了性别成见的陷阱，即女性就应该为家庭的额外需求挺身而出。但是，这不是她们对家庭关系的理解，她们也不希望给孩子树立这样的傍样。

于是，米拉和妹妹决定每隔几周就进行一次例行沟通，做好信息的互通有无，并提前计划好待办事项的应对方案。这样，还能促使她们把谈话的重点放在做计划上，而不是暗示谁做得更多或者更少。并且，她们请哥哥在周末不忙的时候也承担一部分照顾父母的责任。出乎她们意料的是，哥哥很乐意帮忙。实际上，他此前一直觉得自己被忽视了，因为她们在照顾父母这件事情上，从来没有征求过他的意见。现在他很高兴终于能参与进来。他们还一致认为，应该积极利用社会资源，而不是一直靠兄妹有限的个人能力来支撑。她们请哥哥从父母家乡的老年人服务中心那里寻找可以利用的资源。

由于米拉能够停下来重新审视问题，所以她才意识到自己和兄妹在无意中陷入了破坏性的互动模式，因此，米拉有机会重塑了他们分工帮助父母的方式，而不是陷入对彼此的怨恨之中。

改变与消极人群打交道的方式

审视一下你与生活中每个重要的人的互动方式，并想想如何改善每一段关系。你可以尝试改变某种行为，或者与某人保持距离，比如延迟回应或只在节假日见面。或者，对于那些持续具有破坏性的关系，你应该勇敢地挣脱出来。

你的生活中可能就有这样的人。也许是一个总把事情都往坏处想的亲戚，即使只与他们进行零星的互动也会让你心烦意乱。你不必立即把这个人从你的生活中“赶走”，但你可以想办法避免与他的接触。具体做法是：

减少你们每年的交往次数，缩短拜访的时间，不要在节日聚餐时坐在他们旁边，并确保在你们见面的场合，身边会有一大群人，这样他们的消极情绪就会被人群冲淡。但是，如果这些努力还不能消除你和这个人相处时产生的微压力，那么就考虑做出更大的改变。尽管完全与亲戚断绝关系不符合主流的价值观，但许多受访者发现，有时最好的解决办法就是彻底远离消极人群。

总有些事情是你无法控制的

明确自己的目标，然后放下其余次要的部分。多与处境相似的人交流，能帮助你了解哪些目标是合理的，哪些是不合理的。这种交流可以让你明白，有些事情就是很难，但你并不孤单。

我们采访过一位女士，她在与学校领导的冲突中承受了巨大的压力，由于她的儿子发育迟缓，因此校方希望她把儿子接走。为了让儿子继续正常上学，她与校方进行了长时间的抗争，并且她还加入了一个专为有类似问题家庭提供支持的组织。通过与组织成员的交流，她发现，如果真的让儿子退学，她就得自己想办法解决他的教育问题。她听取了其他家长的建议，坚决反对让儿子退学，并恳求学校董事会，将她的儿子转到一所能为他提供所需支持的学校。

微压力 14：人际网络的中断

你曾经的成功、失败，以及表现出的韧性，几乎都是由那段时间与你共事的人和你一起塑造的。甚至，他们已经成为你的自我意识中不可或缺的一部分。当你回顾工作中那些极具挑战性的时光时，心中充满温情，你会对同事怀有深深的敬意，因为他们曾与你同行。或者，你可能十分依赖生活中的某个人，因为他曾在你面临艰难的生活挑战时，一直鼓励你要保持坚强。你交往的每一个人和每一个团体，在很大程度上都参与塑造了你的世界观。因此，当你与这些人的联系中断时，即使有时并不是你的错，你也会深感不安。

许多人十分幸运，在职场中建立了真挚的友谊。因此，当亲密的同事或杰出的上司离开时，你会有些失落，这并不奇怪。因为他们的离开，意味着一夜之间你失去了某种支持。

比如，他们不仅曾帮助你完成工作，还在你承受职场微压力的时候给予你支持。所以，今后你必须找到新的方法，与新结识的人展开合作。你还要重新定位自己与他人的关系，努力建立信任，而以前你是不需要担心这个问题的。或者，当你扮演一个新角色时，即使是在同一家公司，也会重新成为“新人”。

你必须学习新的工作内容，了解谁是关键人物，以及重新解读新的人际网络中的“政治格局”。你承受的压力变大了，部分原因是你失去了那些曾经的盟友，他们曾给过你许多指导、支持和理解。如果没有他们帮助你减轻日常微压力的冲击，你要一个人扛起所有的压力。

而且，以下这些微压力也很可能随之而来。

- **家庭连锁反应。**凡是曾因工作而不得不搬迁的父母都知道，让孩子离开熟悉的生活，重新融入一个新的环境是多么具有挑战的一件事。这种搬迁本身无疑是一种巨大的压力，同时，它还会触发一层层无形的微压力。比如，孩子必须适应新社区的规则，要鼓起勇气独自走进当地的青少年活动中心，或者要在陌生的舞蹈班努力站稳脚跟。多年来跟医生建立起来的信任关系不得不中断，全家都要从零开始建立新的医疗关系。你和伴侣可能已经决定共同面对这一切，但这并不意味着对方不会受到一波又一波微压力的冲击。他们要离开朋友和重要的社交关系，这些都会带给他们微压力。当你所爱之人的人际网络发生变化时，他们所感受到的微压力也会影响到你，反之亦然。

- **重建的代价**。即使是生活中的细微变化，也会引发重建盟友、顾问和支持者网络的需要。比如，你被调到了其他部门，新的部门有不同的工作节奏和规范，你可能无法再像从前那样，每周五都与公司其他部门的伙伴共进午餐。了解新的工作环境需要付出努力和时间，这可能会让你分散精力，影响了对主要工作的投入。也许，你不能再像以前那样每周四都能早早下班去上吉他课。在新的工作环境中，你必须弄清楚，如果你跟不上工作节奏，哪些同事会支持你。因此，在重建人际关系网络的同时，你还必须加倍努力做好本职工作，这样的压力可想而知。
- **联系逐渐消失**。对许多人来说，工作和生活的各种事务，会在不知不觉中剥夺了他们与一些团体保持联系的机会，而这些团体曾是帮助他们对抗日常生活微压力的宝贵资源。他们也不想这样，只是随着时间的推移，他们与这些团体的联系越来越少。比如，他们退出了喜欢的运动团体，也无力继续保持精神追求，或者因为专注于工作而放弃了社交往来。但是，如果没有这些非工作网络的平衡，我们就会面临更大的压力，且无法进行调节。

看似一切向好的改变也不意味着就会简单或轻松许多。比如，卡尔顿在一家大型工业企业从事管理工作，他告诉我们，当公司被一家全球巨头收购后，他竟然有一种漂泊不定的感觉，这是他不曾预料到的。事实上，收购给他带来了一系列积极的变化，包括工资和级别都有所提升，这使他与集团中的其他同事平起平坐。

他的工作基本上没有太大不同，仍然是以前那个部门的中层经理，管理着几个直接下属，但卡尔顿觉得自己好像一切都要从零开始了。他必须弄清自己的处境，比如，哪些人可以结盟，哪里有雷区，哪里有机会。虽然每个人看起来都和蔼可亲，可他还是觉得很难融入团队，因为其他人都已经相识许多年了。

斯科特是他在财务部的好友，之前总是对他迟交费用报销单的做法网开一面，但在新的组织结构中，斯科特被调到了其他岗位。不仅如此，卡尔顿现在要向集团总部的一位资深经理汇报工作。除了职务上的交流，这位经理似乎没有时间去了解卡尔顿的其他方面。

卡尔顿解释说："我的前任经理苏珊，每次在我感到工作压力过大时，她总能很好地劝导我，但公司合并后她辞职了。现在我不敢让新经理知道我有压力，因为他可能会认为我不适合这份工作。"他还担心新同事如果发现他的焦虑，会认为他缺乏自信。

卡尔顿在新工作即将满一年时抓住了一个机会，与其他办公室的一位新同事建立了盟友关系。起因是卡尔顿和负责物流的同事讨论日常事务时，这位同事顺便提了一个小小的供应链问题。卡尔顿敏锐地捕捉到这个机会，他非常认真地倾听了原委，觉得这跟他在公司被收购前参与解决的一个问题很相似。

他接着问了几个问题，弄清楚了供应链问题的来龙去脉，并确认自己理解无误后，主动提出帮助解决这个问题。本来，有关供应链的任何问题都不在他工作职责的范围之内，但他知道自己能帮上忙。更重要的是，他看到了一个与同事建立关系的机会，这种方式与以前纯粹的职务性对话完全不同。不到两个月，卡尔顿就让供应链问题迎刃而解。更重要的是，他结交了一位盟友。

卡尔顿意识到，尝试用自己的经验帮助新同事，可以有效地构建你的人际网络。因此，他经常主动联系公司其他部门的同事，一起讨论一些共同事务，但更重要的是，他会借此机会巧妙地问一些问题。他会问："嘿，我还在努力了解和熟悉我们集团的运作机制，我很希望你们能跟我分享一下你们正在做的工作，或者遇到了什么挑战。"虽然有时候这样的谈话毫无结果，有时候同事提到的问题卡尔顿也帮不上忙，但有些问题他完全可以助一臂之力。

当看到机会时，卡尔顿就会主动伸出援手。如果没有发现与工作相关的什么问题，他也会利用这些机会，把话题转移到个人问题上，即使只是简单地问一句"这个周末你打算做什么"，或者"你有什么有趣的旅行计划吗"，偶尔也会发现一些共同的兴趣。在这个过程中，他发现了一个葡萄酒爱好者、一个和他一样热爱打高尔夫的人，还有一个自行车爱好者。

在公司被收购的两年后，卡尔顿在职场发展出广泛的人脉网络，包括一众朋友和盟友，其中还有几位是帮助他在公司找到自身定位的高层领导。

每一次的转变，无论这种转变是大是小，成功的关键取决于你是否具有建立广泛的人际网络的能力，以及是否能够适时地拿出你的善意。建立广泛的人际网络，就要积极、主动地与主要的利益相关者、客户和顾客建立联系，并在工作之外发展新的朋友和人际网络。

主动适应转变

即使在最好的情况下，转变也并不容易。因此，在一切进展顺利的时候，你要积极、主动地进入新的角色、工作或社区等。拓展人际网络，有助于确保你不会过于依赖任何一种身份标签或社会角色。从零开始重建人际网络是很困难的，尤其是在个人生活方面。

我们的一位受访者为了确保他的家庭不会因为他更换工作而陷入困境，他把求职范围限定在目前所在公司的内部，或者是他跟家人在近 5 年内曾经居住过且十分喜欢的城市里的其他公司。当他在那个城市找到一份新工作后，他和伴侣就在旧居附近买了一套房子。这样，他的妻子可以重新加入之前的无伴奏合唱团。通过这种方式，他们预先减轻了伴随搬迁而来的一些不可避免的微压力。

学会管理微压力 THE MICROSTRESS EFFECT

了解自己的价值

如果不清楚自身的定位和价值观，你就无法对挑战你身份的问题做出有力的回应。下面这张“你的核心价值观分析清单”将采用 3 个步骤帮助你梳理自己的想法。

确定你的核心价值观

尝试创建一张清单，从左数第 1 栏是你的核心价值观，靠右的 4 栏是威胁这些价值观的微压力（清单来自一位高绩效精英的案例）。在第一栏中，确定 3 种工作中的价值观和 3 种生活中的价值观，要尽量具体和清晰。

在工作层面，这些价值观可能涉及扶持团队成长和发展、创造力、可持续发展、社会正义、业务增长、赚大钱、与同事共同创建理想的未来，或者对客户产生积极影响，改变其生活。在生活层面，你的价值观可能包括参与社区活动、帮助弱势群体、陪伴家人以及成为一个称职的好朋友。试着回忆一下你生命中充满活力的时光，仔细想想你的价值观和与他人的互动是如何创造这些时光的。

找出使你偏离这些价值观的因素

找出那些可能使你偏离这些价值观的微压力。准确地指出让你无法成为自己的消极互动有哪些。请记住，消极的互动对你的生活满意度的影响总是大于积极的互动。

制订计划，改变消极互动

确定 3 个具体行动，通过它们来解决你正在填写的清单中对你影响最大的微压力。常见的行动包括：尝试跟与你有过消极互动的人进行交流，看看能否改变你们之间的互动方式；如果直接接触有困难，找到对对方有影响力的人帮你传递信息；拉长互动的时间间隔；缩短互动的持续时间。如果这些努力都失败了，那就不再与其互动。我们采访过的一位高绩效精英列出了以下行动清单。

- 为团队的工作创建一个筛选系统并进行时间估算，以确定优先级并明确边界。

- 在商定团队的发展需求和利益问题时，让老板也参与讨论。
- 全家人坐下来，共同讨论对家庭最重要的价值观是什么，以及如何确保每位家庭成员都能得到满足。

你的核心价值观分析清单

你看重什么?				
核心价值观	**威胁这些价值观的微压力**			
工作	**与个人价值观的微妙冲突**	**自信心受损**	**人际网络的中断**	**与家人或朋友的消极互动**
成为数据科学领域的资深专家	直接领导施加压力，要求在分析方面走捷径，以增加项目完成数量	来自管理层的压力，要求最小化成本结构，从而影响了长期发展机会		
成为关心团队的发展和成功的服务型领导者	来自不同利益相关者的其他要求，导致没有足够的时间做好本职工作		职能小组核心盟友的离职使团队更难获得额外资源	
在工作中为他人提供积极的能量和激励			最亲密的同事因有了其他机会而离开公司，你失去了曾在一些瞬间为你注入活力的重要关系	与叛逆的孩子互动产生的微压力，影响了你跟同事的关系

生活				
在某个组织中通过服务他人和建立人际关系实现精神价值		领导对工作要求过高，工作占用了你与组织团体相处的时间	你参加了6年的核心小组最近解散了；与组织的联系减少了	
做忠诚的伴侣	苛刻的老板提出的工作要求占用了你与伴侣相处的时间			孩子由于正处于青春期，因而占用了许多你本该跟伴侣相处的时间
积极促进世界变得更美好		角色定位不清晰导致工作量不稳定，最后错过了英语作为第二语言小组的志愿服务，以及食品储藏室的志愿服务		

避免在转变期掉入狭隘视角的陷阱

当进入一个新的转变期，无论是工作变更、同事更替，还是影响更重大的变动，很多人都觉得他们需要尽快掌握新的东西。为了不被分散注意力，他们会有意识地减少一些人际往来，或减少参加活动的次数。但这种做法并不明智。过于专注对新环境的适应，会导致你的生活变得单一，于是你会缺乏应对那些不可避免的微压力的弹性。一旦工作或家庭在这时遇到困难，你几乎没有其他资源可以帮助你缓冲压力。

因此，不要一味地专注于快速适应新环境，而是把它作为建立新的人际网络的起点，主动构建你想要的工作方式，以及主动接触你想与之共事的人。利用这一时期认真思考，你希望与什么样的人构建起你工作之外的社交网络。因此，要有意识地建立和激活你的非工作朋友圈。

重新连接你的过去，发展人际网络

许多人在三四十岁时突然发现，他们已经淡出了曾经对他们很重要的一些活动和团体。实际上，你可以重新发展过去的爱好或热情，通过加入新的团体重燃激情。

我们的一位受访者非常喜欢汽车改装，但多年来一直没有时间投入这一兴趣上。直到孩子十几岁时，他买了一辆破旧的福特 A 型车，于是每周二晚上，他都会在自家车库里鼓捣那辆旧福特车。这个消息慢慢传开，结果在接下来的几年里，有六七个中年汽车发烧友成了他家车库的常客，他们帮他拆卸、修理或更换损坏的零件，累了就一起举杯畅饮。

对人们身份的挑战并不总是出现在重大的道德抉择中，可能还发生在日常的微压力中，这些微压力会侵蚀人们的自我意识。

我们的许多受访者都曾表示，多年来，他们似乎一直生活在“回音室”中，他们在工作和个人生活中做出的选择，往往都受到周围人的影响和强化。现在回过头来想，这些选择可能让他们走上了错误的道路。

在我们的研究中，那些处于第二次，甚至第三次婚姻的人，那些陷入健康危机的人，以及那些家庭关系疏远的人，几乎都是让生活变得更加单一，或者专注于他们自认为的别人对他们的期望。这些决定都是在微压力的推动下做出的，正是这些不起眼的时刻，一路挑战着他们的自我认同感。

实际上，每个人的选择在最开始都是有意义的，可是后来却变得毫无意义。一位受访者告诉我们，多年来，她的身份完全由工作定义，直到她遇到个人危机才猛然醒悟。她告诉我们："我的母亲在与癌症抗争了7个月之后去世了，而那家我为之付出了8年心血的公司，却没有一个人出现在葬礼上。"

挑战你身份的微压力会对你的生活造成潜在的影响，重要的是，你甚至没有意识到发生了什么。最糟糕的是，在这个过程中，你一直都是同谋，一路做着微小又微妙的决定，正是这些选择，最终让你远离了你想成为的那个人。

不过，亡羊补牢，为时不晚。我们将在下一章中讨论为何一些成功人士能够成功地避开这个陷阱。无论从哪个角度来看，他们在事业上都非常成功，但无论是工作中还是工作之外，他们都没有让成功蒙蔽了自我认同感和价值观。

事实上，我们相信他们之所以能够取得成功，正是因为他们非常清楚自己是谁，他们的生活不仅是由工作定义的。在下一章中，我们将探讨他们是如何达到这种平衡的。

化解微压力 Tips

1. 4 种常见的微压力来源在挑战你的身份认同：

    - 与个人价值观的微妙冲突。
    - 自信心受损。
    - 与家人或朋友之间的消极互动。
    - 人际网络的中断。

2. 如果有人让你离想成为的那种人越来越远，那么想办法改变与他们的互动方式，这会对你的人生目标感产生巨大影响。你可以尝试重塑自己的角色，改变与同事或家人的互动方式，或者在核心工作之外寻找表达自己价值观的小技巧。有时，细微的改变也能带来巨大的变化。

THE MICROSTRESS EFFECT

第二部分

应对微压力的 3 种有效方法

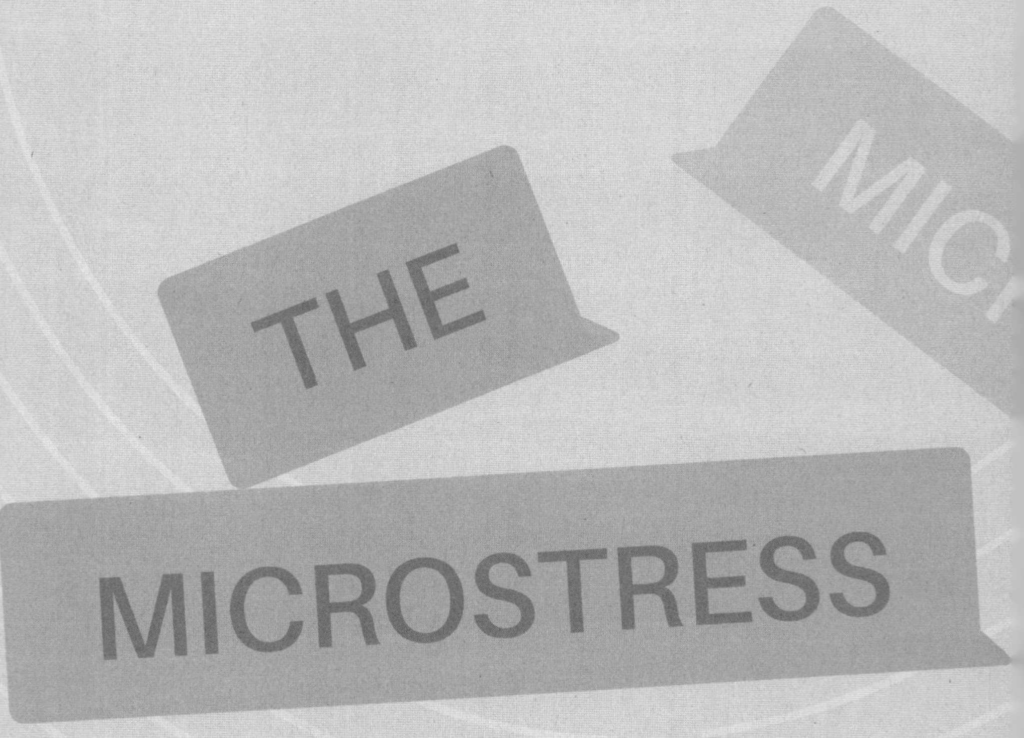

THE
MICROSTRESS
EFFECT

THE

MICROSTRESS

EFFECT

第 5 章

10% 的高绩效精英做对了什么

与他人保持联系不仅是帮助你合理看待微压力的关键，也是帮助你建立充实、丰富的生活的关键。

50万美元对你意味着什么？这听起来像是一个有趣的“如果”问题，但对于马修而言，这是一个必须回答的现实问题。他所在的公司被收购了，因此，他要被调到其他城市才能保住现在的职位，以及丰厚的薪水和奖金。同时，这也是一次职业成长的好机会，因为能被公司选中，说明他很有潜力，未来也许有机会获得更高的职位。但是，他需要举家搬迁才能保住这份工作。就是说，他要离开这个用多年时间才建立起来的职业关系网络和朋友圈，其中有些是他从小玩到大的朋友。否则，他就得放弃50万美元的收入。

43岁的马修发现，自己第一次在职业决策方面犹豫不决。同事对此很不理解，他怎么还会想要拒绝这个机会呢？马修描述了人们的反应：“我在公司里问过的所有人，都在几秒钟之内就回答，‘这根本就不算是一个选择，笨蛋！你为什么要拒绝50万美元？’”

犹豫了几周之后，他最终决定放弃新职位和50万美元，去了一家离家更近但薪水更少的公司。同事都认为他疯了，但马修并不后悔，他告诉我们，他差一点就做出了错误的选择。

马修是被我们称为 10% 的高绩效精英的人之一，在我们的采访对象中，大约有 1/10 的人被我们称为 10% 的高绩效精英。与其他人一样，这 1/10 的人也面临着大量和频繁的微压力，但他们能超越其他高绩效精英，在事业上取得了卓越成就的同时，在个人生活中也能拥有幸福感和意义感。

马修之所以能脱颖而出，是因为我们的绝大多数受访者都深陷挣扎之中。只要稍稍揭开他们内心的面纱，那些真实的情绪就会随之涌出：疲惫、愧疚、失望，以及对生活现状的种种不满。要知道，这些人都供职于全球最受人尊敬的组织，而且他们是所在组织中的佼佼者，他们看上去已经破解了成功的秘诀，如果连他们都有力不从心的感觉，那么其他人还有什么希望？

但偶尔，在采访中也会出现一些不同的情况。我们会遇到像马修一样没有被打倒的成功人士。他们似乎没什么遗憾，身体也更加健康。除工作和家庭之外，他们还有着丰富的生活。这种对比是惊人的。这就是 10% 的高绩效精英的魅力所在，我们想了解他们的不同之处。

从表面上看，马修和我们研究中的其他 10% 的高绩效精英几乎没有什么共同之处。他们有着不同的背景，在不同的公司和行业担任不同的职位。但我们观察到了一些相似之处。每一位 10% 的高绩效精英都经过深思熟虑的选择来塑造他们生活中的人际关系网络。他们以更为开阔和多元的视角定义自己的成功，并付诸实践。要做到这一点，需要与更广泛的人群建立联系，无论是工作场合还是生活领域。这些关系网络会帮助他们抵御微压力的侵蚀，并形成一个良性循环。

在本章中，我们将探讨 10% 的高绩效精英有哪些缓解微压力的策略，这样你就可以将这些策略应用到自己的生活中。我们还将帮助你一一识别可以改变、消除或只能学着接受的特定微压力。我们也会帮助你认识到，有时候，你可能也会给他人带来微压力。然后，我们会详细剖析，那些 10% 的高绩效精英是如何建立和维系一个由多种兴趣爱好组成的人际网络的，并且用这种丰富的关系网络塑造出多维的生活方式，从而预先保护自己免受微压力的侵扰。

在研究过程中，我们两个人都使用了 10% 的高绩效精英的一些策略。可以说，这些努力对我们都产生了深远的影响，也让我们更加钦佩他们，似乎他们天生就具备这样的能力。以下是我们都可以从 10% 的高绩效精英身上学到的东西。

控制微压力的三重策略

没有人能消除生活中所有的微压力，这样的期待是不现实的。但我们可以做点什么来减轻它们对我们的影响。研究表明，消极互动会给人带来巨大的伤害，其影响程度是积极互动的 5 倍之多。我们从研究中了解到，大多数人都能找到 3 ～ 5 个机会来改变微压力的影响，从而带来显著的变化。

但是，如果你每天都承受着几十种微压力，你怎么知道从哪里开始呢？现在，你可以效仿 10% 的高绩效精英的做法：从小处着手。他们发展出一套三重策略来应对微压力，非常有效。

- **以切实可行的方式应对特定的微压力。**你可以采取一些小而有效的方法来应对特定的微压力，这样就可以对你的日常生活产生显著的影响。
- **停止给他人制造微压力。**这个策略的本质在于，它不仅能帮助他人，还能帮助你自己。因为如果你给他人制造了微压力，压力最终会不可避免地以这样或那样的形式反作用到你自己身上。因此，停止给他人制造微压力意味着就能减少你被微压力反噬的机会。
- **超越某些微压力。**人们会被微压力影响的原因之一就是任其发展。并且，人们的很多反应都是自己强加给自己的。你的生活变得越单一，你就越容易反应过度。因此，你可以向 10% 的高绩效精英学习他们对生活中大量的微压力的态度。

为了帮助你做到这一点，我们开发了一个简单的练习。我们绘制了一张包含所有常见微压力类别的“微压力来源自测清单”，清单的第二行列出了可能给你带来微压力的人群类别；最左侧列出了常见的微压力的来源。这是一种简单的方法，可以帮助你捕捉生活中可能存在的微压力。

首先，找出 2 ～ 3 个你可以克服的微压力作为起点。重点选择那些在你的生活中已经成为系统性问题且你每天都在与之抗争的微压力，并用“X”标记出来。

请记住，要从可管理的小目标着手，而不是具有决定性的宏伟目标。比如，简单地改变互动方式、增加互动的间隔时间，或者可能的话，以某种方式断开与压力源的连接，这些都会对你的整体幸福感产生重大影响。

微压力来源自测清单

什么让你倍感压力	谁是你的压力源					
	上司	领导	同事	客户	团队	所爱之人
削弱能力的微压力						
角色或优先事项偏差						
来自同事的微小的工作欠缺						
不可预测的权威人物	X					
低效的沟通方式						Y
责任激增						
消耗情感储备的微压力						
管理和支持他人						X
对抗性对话						
缺乏信任						
二手微压力			Y			Y
老板、同级别同事或整个关系网络的政治斗争			O			
挑战自我认同的微压力						
与个人价值观的微妙冲突						
自信心受损						
与家人或朋友的消极互动	O					
人际网络的中断						X

注：X：需要采取行动应对的微压力；Y：你正在为他人制造的微压力；O：被你过度放大的微压力。

一位高管告诉我们，他不会在工作日关闭所有短信通知，因为这种做法并不现实，但是，他可以要求上大学的女儿不要总是给他发短信抱怨日常琐事。自此，女儿再也没有给他发过诸如“我今天讲了笑话但是琼斯教授没有笑”，或“我的室友每晚都过了午夜才回来，我要崩溃了！”之类无关紧要的信息了。这一小小的改变就能削除他大量的微压力。对女儿来说，给爸爸发送情绪化的短信，或许可以立即减轻压力，但对爸爸来说，在有机会和女儿沟通之前，这些短信可能会让他担心一整天。他说：“很多时候，她甚至不记得跟我说了什么。她可以说完就忘，但我会为此担心几小时，甚至在工作中分心。”有了这个改变之后，他会在下班开车回家的路上主动给女儿打电话。有时她不方便接听，但更多时候，爸爸的来电会变成父女间愉快的聊天。

其次，对照清单，找出自己可能会给他人造成的 2 ～ 3 个微压力，并在相应的项目中写上“Y”。你可能需要几分钟来思考这个问题，但我们确信，你会发现一些你正在制造微压力的例子。一位高管告诉我们，由于他对团队有太强的保护欲，因此他发现自己常常会介入他们的工作，比如，有时在会议上替他们回答问题，或者经常检查或质疑他们的工作成果。他意识到，这种做法会导致团队成员怀疑他们自己的能力。并且，他们会向他提出一系列的连带问题，以确保他们是在按照上司的方式做事。实际上，团队的工作并没有什么问题，也符合客户的需要，但由于他把标准定得比实际需要的更高，无意中给人一种团队能力不行的印象，同时也让自己成为一个不称职的管理者。

最后，在第三次浏览清单时，反思一下有哪些微压力是被你放大的，对此，你需要学会适度地看待问题，并在对应的项目中写上“O”。大多数人在生活中都曾有过这样的经历，在他们被眼前的一堆微压力所困扰时，一些真正的创伤发生了，也许是健康问题，也许是家人去世，也许是发现所爱的人正面临着严重的困难。刹那间，那些两分钟前还十分在意的事情，窃取功劳的同事、经常改变主意的上司、与兄弟姐妹之间一触即发的争执，都变得无足轻重了。往往，人们在应对生活中的微压力时，表现得过于短视，他们纠结于无法改变的事情，陷入愤怒或痛苦的情绪中，从而影响了工作和人际关系。不过，如果你能主动放下 2 ～ 3 个微压力，你就可以不再纠结于那些从长远来看无关紧要的琐事，但你必须有意识地做出选择。

一位受访者告诉我们，他的一位同事似乎经常得到上司的表扬，这让他困扰了很多年。他说："开会的时候，她经常会因工作表现出色而得到特别的称赞，然后她就像柴郡猫一样坐在那里喜笑颜开，这让我很不爽。我觉得这里面有内部关系在起作用，而我根本没有胜算。"随着对情况的深入了解，我们发现这位同事并没有比他更早获得晋升，也没有得到更有利的工作分配。虽然他可以列出一连串看似令人不悦的小事，但实际上，他的工作根本没有受到这位同事的影响。最后，他反思说："我花了太多时间纠结于一些实际上对我的工作影响不大的事情。"

让我们来看看梅丽萨是如何做这个练习的。在新的工作岗位上，梅丽萨对新上司和新同事都有点儿难以适应。经验告诉她，等习惯了这些新的同事关系，压力就会减轻。但几个月过去了，她仍然没能融入新的环境。然而，通过这个练习，梅丽萨找到了问题所在，并知道了该如何解决。

对梅丽萨来说，以这种方式看待微压力的一个好处是，她认识到了自己每天处理问题的方式。她知道，现实地讲，她不可能奇迹般地找到解决所有问题的方法。这并不是说她不想那样；相反，她一直在问我们，能不能选择 3 个以上最突出的微压力来解决！答案是否定的。但是，如果你能专注于一组对你影响最大又足够系统化的微压力，那么，只要你能采取行动，就会获得显著的效果。关键是要明确你想改变什么。

梅丽萨一度认为，她感到压力是因为自己在家庭和工作之间分身乏术，并责怪自己做得不够好。但通过这次练习，她发现微压力的一个具体来源是一个不可预测的权威人物，她的上司。上司人并不坏，她自己也在努力应对首席执行官不断变化的工作重点，只是，她也把这些压力转嫁给了梅丽萨。确定了微压力源之后，梅丽萨就能制定出应对策略。她询问上司是否可以一起优化一下她的工作，这样她就可以把时间花在最重要的事情上。在讨论中，梅丽萨坦诚地表达了上司的一些要求给她带来的具体影响。她详细地描述了最近发生的两个情况：一是上司工作重心的转移意味着梅丽萨不得不让一个项目中止，同时又要努力安抚团队，以免他们因前期的努力付诸东流而感到难过。二是上司不经意间对梅丽萨团队中的某个人提出的建议，这不经意的一句话，让对方以为是正式要求，于是引发了不必要的误解和混乱。通过这次谈话，她的上司意识到，自己在无意中给梅丽萨和她的团队带来了微压力。于是，她们决定采用及时同步策略的方式，以避免今后再发生此类情况。

在某种程度上，梅丽萨和她的上司都学会了如何更高效地沟通。这一进步在两位女士的行动上都有了具体的体现。今后，上司可能还会无法避免地对团队提出类似的要求，毕竟她也是在传达首席执行官的要求，但是她可以采取不同的策略。另外，当需要与其他部门协调时，上司可以迅速指引梅丽萨向组织中合适的人寻求帮助，这样梅丽萨就不会浪费时间，或让工作已经排满的人去协调了。甚至有时候，上司还会亲自出面帮忙处理一些事情。如今，她和梅丽萨成为一对更加默契的工作伙伴。

当我们问梅丽萨她自己是如何给其他人制造微压力时，她有些惊讶。在她看来，她从不制造微压力，而是帮助别人解决微压力问题。她一直认为自己是身边每个人的重要支持者。但是，视角的转变暴露了真相。经过一番探究，她发现自己确实也给他人制造了微压力。每当上司改变工作重点时，梅丽萨都习惯于通过电子邮件重新协调团队的任务安排。而且，她只能在处理完家庭事务之后才能工作，而孩子的家庭作业、体育运动、学校活动、晚餐等家务事又占据了她晚上的大部分时间，因此，她一般要到晚上 10 点才开始给团队写邮件，或者凌晨 4 点起床继续完成待发送的邮件。当然，那个时候，她已经疲惫不堪、难以专注，这导致她的要求经常都是模棱两可的。于是，她又会收到团队请她进一步明确要求的邮件。无意中，她又给已经满负荷运转的他人制造了新的微压力。并且，她还制造了“随时在线”的工作气氛，这是她最不想看到的。

为了避免将这种微压力进一步传染给团队，梅丽萨做了一个简单的改变。在她的工作模式不变的条件下，她仍然在晚上 10 点后写邮件，但把邮件设置为第二天早上 8 点再发送。此外，她还安排了每周召开两次固定会议，以帮助团队一起协调任务，从而有效避免电子邮件频繁低效甚至是琐碎而不一致的问题。

她发现，身边的人，尤其是她的同事和团队，对她的微压力非常敏感，并随时准备做出反应。她意识到，是自己给他们施加了微压力，让他们焦虑不安，进而发送更多的电子邮件和会议请求，以确保她对他们的工作满意。这些请求又增加了她的微压力，于是形成了微压力的恶性循环。

另外，她还注意到，如果在会议间隙安排 10 分钟的休息时间，会有助于让所有人重新集中精力。当再次回到会议时，她就不太可能把自己的微压力传递到团队身上。有时，她还会利用部分休息时间冥想 5 分钟。不止这些，她还开始在群聊中跟朋友进行更积极的互动，比如讲个笑话或分享一段离谱的经历，这些信息总是能立即得到回应。通过与朋友之间简短、轻松的互动，不仅帮助她在白天平衡和缓解掉部分微压力，还让过去几年无意中疏忽的友情得以重建。她发现，幽默和冥想一样有效，能让她从微压力中解脱出来。而且，与朋友的连接感，以及知道人们关心着她，这种美好的感觉会一整天都伴随着她。

当梅丽萨思考她可以主动放下哪些微压力时，有两个启示直接打动了她。第一个启示是她花了太多时间与同级别同事分析一些职场的政治操纵。直到做了这个练习，她才意识到自己有这个习惯。她不断地与同事讨论一些不满，而这些令她烦恼的事情实际上并不影响她的日常工作。她告诉我们："我发现自己在做一些傻事，比如计算一个同事休了多少天假，看他是否违反了公司的规定，或者揣测哪个同事会拍老板马屁。"当我们问她这些令她烦恼的事情对她有什么影响时，她承认大多数情况下都没有影响。"我意识到这些都是在浪费我的时间和精力。"她说。

第二个启示来自微压力来源自测清单中的最后一个类别。在练习中我们询问梅丽萨关于这一类别的情况，在她思考自己的答案之前，她从没有考虑过这个类别。她告诉我们，她在 Facebook 上看到几个大学好友滑雪旅行时拍的照片，才发现她们没有邀请自己，这让她感到很受伤。她意识到，近年来，工作几乎完全占据了她的生活，她可能忽略了工作和直系亲属之外的联系。因此，我们让她反思一下有哪些"微压力缓解剂"从她的生活中消失了。过去，即使升职之后工作会耗费她大量的时间和精力，但是她仍然坚持参加两个对她来说很重要的小组活动：一个是狗狗敏捷训练小组，她的爱犬在地区级的敏捷比赛中很有竞争力；另一个是当地的社区合唱团，这些团员每两个月会组织一次聚会，大家一起唱唱歌、聊聊天。她在这两个小组中活跃了十多年，与许多人都建立了友谊。因此，不只是这些活动，还有与小组成员之间的友情，都有效地缓解了她的压力。然而，最近的晋升和两个孩子的成长，都需要她付出更多时间，无奈之下，她退出了这两个小组。当然，她并不想退出，但慢慢地，这两个小组还是从她的日程表上消失了。随着时间的推移，她的爱犬在训练上落后太多，无法跟上小组的进度。至于她自己，也不记得上一次欢快地唱歌是什么时候了。

通过这个练习，梅丽萨看到了这两个小组在帮助她缓解微压力方面发挥的作用。她告诉我们："直到我认真思考和填写这张清单，我才意识到这些人对我是多么重要。我认为这些小组能帮助我正确看待工作中的烦心事。以前，我对那些烦心事都是一笑了之。但当我反思这张清单时，我才意识到，现在的我会过度沉溺于工作。我没有任何外部联系来平衡这一点。更糟糕的是，我把本该用来与丈夫和孩子相处的宝贵时间都浪费在谈论工作的琐事上，而不是用于更重要的事情。"

对梅丽萨来说，这种对微压力进行检查和分类的简单练习帮助她制订了一个具体的行动计划。比如，她把电子邮件安排在早上发送，通过跟朋友发短信以获得短暂的休息，不再担心无关紧要的小事，不再事无巨细地管孩子。这些构成了一个切实可行的计划，一个她有机会真正完成的计划。

当你做这个练习时，想一想你有哪些具体的小方法，可以改变生活的模式。下面的几种方法供你借鉴。

- **寻找机会，进行反击。**在前几章中，我们提供了一些做法，可以帮助你减轻微压力的影响，防止它们变成慢性压力。在这个练习中，关键是要制定更加具体、精准的对策。首先找出影响你的几种微压力，然后像梅丽萨一样，提出具体的策略来抵制特定的微压力。比如，"停止实时回复消息"可能无法实现，但是，“在晚上 6 点到早上 8 点之间关闭 Slack 通知”就是更具体、更可行的对策。

- **改变你的互动方式。**想一想，你是不是在某种程度上导致了问题的产生，这很可能是在不知不觉中发生的。即使是对话中的微小变化也会带来不同的结果。一位中层经理告诉我们，“原本是一句无心的话，但老板认为我在质疑他的能力。于是，我稍微改动了一下句子的词序，这样就可以明确我不是在陈述，而是在问问题。这改变了整个关系的动态”。这位经理把“您不想让我们进行一轮质量控制”变成了“您想让我们进行一轮质量控制吗？”，这种微妙的变化可以让整个互动更柔和。
- **寻找机会重塑关系。**在一次关于识别隐性偏见的培训中，一位高管与一位难相处的同事成为搭档。起初，两人都不认为自己有任何隐性偏见，但在培训过程中，他们意识到，自己已经在不知不觉中占据了他们认为的道德高地。这一发现成为一个契机，能够让他们更深入地理解彼此，从而在可能产生分歧的互动中少了一些火药味。因此，我们应该花时间了解可能导致人际关系出现裂痕的原因，并努力克服它们。一种策略是转而关注对方在生活中热衷的事情，无论是个人兴趣还是职业追求。这种方法往往有助于你发现你们之间的共同点，而之前你可能并没有意识到这些。
- **远离压力源。**不过总有一些微压力是你无法脱离或超越的。因此，可以考虑与压力源保持距离或完全分离。这并不意味着你必须把某人完全从你的生活中赶走，而是采取一种临时性的疏远的策略。比如，你可以拒绝一些社交活动，以免把你拖入你不想做的事情中，或者你可以采用不会引发压力的方式与朋友相聚。比如，去看棒球比赛之前可以先聚餐，而不是比赛结束后涌入当地的酒吧，因为在酒精的刺激下，紧张情绪很容易会引起冲突。当你无法找到其他途径来减少或消除让你付出沉重代价的微压力时，可以考虑断开与压力源的联系。

在采访中，我们发现那些最快乐的人都乐于改变或远离负面关系，比如那些难相处的亲戚、朋友或同事，他们可能只在集体场合与这些人见面。一位受访者告诉我们，在她的晨练小组中，有一位女性总是主导着谈话，并且经常抱怨丈夫这样或那样的问题，这让她听了很不舒服。最后，她开始假装时间有冲突而避开晨练，转而在周末单约几位成员散步。我们发现，那些能够摆脱难以忍受的微压力源的人总是更加快乐。我们采访过一些人，他们辞职并拒绝了晋升机会，是因为不想向难相处的上司汇报工作；他们放弃了友谊，是因为这段关系中存在着过多的戏剧性情节和负面情绪；他们远离了一些同事，是因为这些同事给他们带来太多工作，尽管他们也是喜欢这些同事的。不过，他们事后都表示，这样做绝对是正确的。

从微压力转向微联系

在完成了识别可以努力改善的微压力的练习之后，我们问了梅丽萨一个不同的问题：什么能帮助你对抗生活中微压力的影响？

对梅丽萨来说，这个问题让她获得了最意想不到的启发。在她的生活中，很少有什么能让她从日常工作和家庭生活的挑战中解脱出来。由于工作的需要，她放弃了工作和直系亲属以外的所有关系。如前所述，工作的晋升和养育子女的责任使她无法继续参加那些能让她获得情感平衡的活动。她不再参加她的狗狗敏捷训练小组和她非常喜欢的社区合唱团。

她从未想过，由于工作和家庭的需要，当她慢慢地与朋友和工作以外的其他联系脱节时，她失去了很多。虽然她当时没有意识到这些关系的重要性，但它们为她提供了一种社会韧性，使她能够抵御每天面临的微压力的冲击。

随着生活变得越来越忙碌，每个人都会像梅丽萨一样，逐渐疏远曾经让他们充满热情的群体和活动，让工作成为生活的唯一重心。他们的生活变得越来越单调，难以在工作和个人生活中充分发挥自己的潜能。

在研究中，我们从最幸福的人身上获得的最重要的启示之一，就是与他人保持联系不仅是帮助你合理看待微压力的关键，也是帮助你建立充实、丰富的生活的关键。很少有人能在孤独中找到幸福。

我们在研究中发现的每一个幸福模型都清楚地表明，个人幸福依赖于真实的人际关系。

微压力研究 THE MICROSTRESS EFFECT

“格兰特研究”是历时最长的、关于成年人生活的研究之一，该研究对哈佛大学校友进行了近 80 年的跟踪调查，其中还包括了美国前总统约翰·肯尼迪，并收集了他们的身心健康数据。这项研究得出的最重要的结论是，决定人一生幸福与否的最大因素不是名利，而是人际关系的质量。研究负责人罗伯特·瓦尔丁格（Robert Waldinger）总结说：“照顾好自己的身体固然重要，但处理好人际关系也是一种自我保健。我认为，这是一个重大的发现。”

有句老话说，如果你在一生中能找到一位真正的朋友，那么你真的很幸运。但我们的研究表明，只有一位朋友是不够的。除了亲密的朋友，你还需要各种人际关系来帮助你度过充满微压力的生活。想要实现全方位的幸福需要制定一套策略来对抗微压力，这套策略涉及 3 个重要方面——生命韧性、身体健康和生活目标。在这些方面，你与他人的关系将起到至关重要的作用。并且，关系的真实性和多样性非常重要。其中，围绕某种兴趣，如诗歌、唱歌、网球等，与不同职业、社会经济背景、教育程度或年龄段的人建立的联系，往往能产生最显著的影响。共同的兴趣爱好常常会产生真实可信的互动，而观点的多样性则有助于拓展人们看待世界的方式，以及找到自己在世界中的位置。人们正是被周围的人和自身的经历共同塑造的，生活也因此变得多维和丰富。然而，尽管人际关系对人们的幸福如此重要，但随着岁月的流逝，许多人逐渐忽视了对人际关系的维系。

那些向我们讲述积极人生故事的人，总是会描述他们在工作之外与多个群体的真实联系：运动训练、志愿者工作、读书会或晚餐俱乐部等。在通常情况下，其中一些群体会以营养饮食、正念和锻炼的方式来支持他们的身体健康。这些联系往往出人意料，也许看起来不可能或不匹配，但它们却提供了一些有意义的东西。

在我们的采访中，那 10% 的高绩效精英会有意识地与他人建立有意义的联系，并将它们融入自己的日常生活中。这一方式帮助他们抵御了许多微压力的侵扰，从而让他们可以专注于最重要的事情。需要明确的是，他们不一定是性格外向的人，即那种愿意花时间广泛交友和建立社交关系的人。他们的共同点是注重人际交往的多样性，他们与各种各样的人建立联系、保持联系，并且往往是通过一些微小而具体的方式。如果运用得当，这种人际关系网络可以形成一种强大的力场，帮助人们抵御生活中不可避免的微压力的轰炸。但值得注意的是，建立和维护有意义的关系，需要有意识地采取一些日常的行动，这一联系才能长久地存在。此外，在生活的重要转变时期，人们更加需要保持这些关系，从而避免不自觉地进入一种防御姿态，使生活变得封闭和单一，只是被动地承受外界的压力。

谨防失去多维性

克里斯是一名技术主管，从20多岁起就进入了职业生涯的快车道。他就职于一家炙手可热的硅谷公司，享受着奢华的办公环境、体育赛事贵宾席等公司福利，并有机会广泛接触行业前沿技术。由于被视为高潜力人才，克里斯还有幸加入了公司的一个高级俱乐部。然而，成为会员的代价是高昂的。他被要求全天候为同事提供支持，常常一出差就是好几天。这让克里斯没办法安排个人计划，因为随时都会有工作需求。他发现自己很少能和妻子共进晚餐，更多的时候是独自在深夜对着电脑吃晚饭。

与此同时，工作上的竞争也变得激烈起来。与同事的合作更像是一场较量，每个人都力争处于领先地位。上司的不端行为和优越感更是让他反感。有一次，克里斯无意中听到一位高管跟年轻的新员工炫耀自己的私生活，讲述如何巧妙地让妻子和情妇互不察觉，克里斯的内心瞬间凝重。这一切都让他感到茫然而彷徨。

克里斯找到一些私人时间跟妻子探讨，对他自己和他们夫妻俩来说，什么才是最重要的。他们深入讨论了他的职业生涯，并达成共识。尽管事业对他来说依然很重要，但他们不会像周围许多人那样衡量成功。用他妻子的话说就是，他们坚定地选择了“过平凡、简单，同时也非常美好的生活”。他告诉我们：“如果你觉得成功就是下一次升职、下一辆新车或其他类似的东西，那么你永远都在追赶之中。这一类的追求是永无止境的。因此，你永远无法得到满足。”

这种深处的自我探索使克里斯找到6种人生角色来定义自己的成功：一个身体健康的人、一个有精神追求的人、一个组织的思想领袖、一个关心社会的公民、一个尽职尽责的家人和一个值得信赖的朋友。这份清晰且略显正式的人生蓝图帮助他确定了时间应该花在哪些地方。当然，这些角色也必须与妻子的生活目标，以及他们共同生活的愿景相一致，因此他们的谈话也必须围绕她的优先事项同时展开，不能让某一件事占据主导地位。

一天晚上，克里斯坐在自家前廊的摇椅上，突然灵光一现。他突然想明白了，不同的生活角色不应该成为冲突的理由，而应该产生协同作用，它们应该融合在一起。他说：“在那一刻，我意识到在我的生活中，工作与生活的平衡竟然从未成为一个议题，是这些事情融合在一起的整体性让这种取舍变得不再有必要了，它变成了一种更具创新性的方式来帮助我看待事物和做出决策。我意识到，只有当我的整个生活都充满了对我有意义的选择时，我才能在职业上完成我希望做的事情，它们必须融为一体。我深深地明白了这一点，我必须两者兼顾。”

克里斯进一步解释：“我对成功的定义是全面、整体和一致的，我深刻认识到，我要在家庭和友谊等方面做得跟工作同样出色。”克里斯说，为了抓住自己的这一洞察，他开始梳理个人使命宣言和自己的悼词内容，然后将其转化为6种人生角色。因此，每当他要决定时间该花在哪里时，都一定会考虑是否符合这些角色的需要。

虽然每个人的目标不一样，但克里斯有两件事值得所有人学习。一是他清晰地定义了对自己至关重要的人生角色。这种明确性让他有了衡量时间分配的具体标准。二是他将人际关系融入维持这些角色的日常实践中。这样做会产生一种黏性，使他能够持之以恒地保持真诚的人际交往，这种人际关系的黏性是他每天生活中快乐、目标感和提升生命韧性的源泉。

例如，每周日克里斯都会参加邻里间组织的亲子足球比赛，这不仅能帮助他保持身体健康，也是他作为合格的家庭成员和朋友角色的重要一环。在这些比赛中，他与孩子共度美好时光，并与邻居在每周一次的愉快互动中加深了友谊。他们相互调侃对方的速度大不如前，或者开一些无伤大雅的玩笑，但彼此都视对方为互相支持的真正的朋友。一次，一位父亲说，草坪服务公司在他家的车道上倾倒了大量的覆土，堵住了车库。于是等到比赛结束后，克里斯和其他父子纷纷拿着铁锹到他家帮忙清理。那位邻居父亲感激地说："你们拯救了我的周末！"这些邻居形成了一种轻松的互惠循环，时不时地互相帮助。看到大家在"覆土事件"中展现出的邻里情谊，克里斯更加深刻地体会到做一个好邻居的重要性。这也帮助他向孩子展示了他的待人方式和价值观，同时，他希望孩子也能这样帮助和关心他人。

为了确保实现生活中其他部分的角色，克里斯还设计了一些仪式和例行活动。每个周日，他都会花几分钟回顾一周的生活，这种做法有助于他更好地完成那些自己认为最重要的事情。例如，"这周我花时间在冥想上了吗？我做了什么来成为一个关心社会的公民？下周我能更多地关心朋友吗？"克里斯的 6 个角色并不是什么秘密。他经常与妻子、家人和同事谈论这些角色，多年来，他们都在帮助他塑造和完善这些角色。反过来，这种持续的自我实践也为他带来了明确的目标感，并且他与自己最重要的人一起主动塑造了这种目标感。他告诉我们："这就是我认为的美好生活。我很早就决定了什么对自己最重要，并一直在努力实现它。"

打造并维持自己的多维生活

像克里斯这样的10%的高绩效精英，即使由于工作和家庭的需要而面临巨大挑战，也会一直努力打造和维持多维度的生活，你也可以采用他们的一些方法来做到同样的事情。

- **规划好互动**。维持一个多样化的职业关系网络和朋友圈，并以一种能促进自己坚持下去的方式组织互动。你可以把自己关注的小组的核心活动排进日程表，并努力遵守这些时间安排。比如，每月安排两次聚餐，每月去剧院看一次演出，每周组织一次网球或篮球比赛，每天散步一次或每年计划一次度假。关键是要珍视这些宝贵的时间，并全心全意地陪伴彼此。理想的情况是，这种互动能实现多个目标，克里斯的活动就是如此。亲子足球小组可以与家人和朋友共度美好时光。散步小组兼具体育活动和朋友聚会的功能。此外，加入当地的政治团体，给政府工作人员写信反馈对某个事件的看法。这一活动在实现个人目标的同时，还能与一群有着共同价值观的人相互交流。即使是一场亲子足球比赛，也能让你与工作之外的朋友保持紧密的联系，同时帮助你释放压力。
- **顺其自然**。克里斯在规划和坚持生活的多维度结构方面非常严谨。你不必如此严苛。有些人更喜欢让生活顺其自然地展开，并欣然接受所出现的一切。这需要你积极利用新出现的机会，而不是找借口说某些活动或安排不适合自己而推托。你要对备选计划持开放态度。比如，大家都知道，组织一群人聚餐是一件劳心费神的事情，可能几个月也不一定能搞定。我们的一个受访者采用了不同的方法，他向一众朋友发出了晚餐邀请：“今天我们去喝酒或听音乐吧，有人愿意来吗？”这种方法效果很好。他告诉我们：“每次来的都不是同一群人。有时我会被来的人吓一跳，但我觉得这种方式很有趣，也让我建立了一些新的友谊。”

- **享受当下**。享受每一个当下，即使时间十分短暂。要有意识地选择与他人在一起，而且要全身心投入。一位管理者描述，他非常珍惜送女儿去上骑马课的半小时，因为可以跟她好好聊聊天，听她讲述她最近关心的事情。这是他一周中唯一能与女儿单独相处的时间，因此，他会充分利用这段时间，在整个过程中全神贯注地陪着女儿。还有一个简便易行的方法是，在活动结束后不要急于离开，比如在结伴去散步、上瑜伽课或参加当地音乐活动后，多逗留一会儿，和周围的人聊聊天，这是与其他可能对生活有不同看法的人进行非正式交流的好机会。
- **拓宽生活视野**。虽然很多人都会从最亲近的人那里寻求情感支持，但这种做法也会带来意想不到的后果，即强化我们的感受，从而助长自怜或愤怒情绪，而不是发展韧性。与亲密的亲友圈子之外的人联系，可以避免这一问题。一位成功的咨询公司高管非常珍惜每周与社区互助小组互动的机会。通过聆听那些得到了帮助的社区成员讲述他们所面临的挑战，他对他人的挣扎产生了更深的共情，从而更加珍惜自己的生活。这些互动不仅帮助他正确看待自己的困境，还激励他积极、主动地帮助其他经济条件较差的人。因此，参加社区互助小组的活动成为他生活中的一个重要目标，以及拓展视野的主要途径。

不过，这些建议并不只是为了促进工作与生活的平衡，尽管对我们的一些受访者来说，这也是其中的一个好处。相反，拥有多维度的生活、深深根植于与他人的真实联系是你幸福的根本。无论是工作场合还是生活领域，与他人建立正式或非正式的联系，都将有助于你的全面发展。萨利纳斯说：

> 与他人交往……可以训练你的大脑（就像训练一组协调的肌肉），从而开发出管理自己的反应、回应和情绪的大脑回路。

另外，与他人交往还有一种健康的分散注意力的作用，因为当你沉浸在多维生活中时，情绪负担就不会那么重。萨利纳斯还补充道：

> 当你身边有其他人以积极的方式吸引你的全部注意力时，你往往不会再反刍自己的问题。

大量证据表明，与他人共处有助于创造性地解决问题，并减少压力对身体的影响，如降低高血压的发病率。而且，正如我们的 10% 的高绩效精英所发现的那样，与他人接触有助于让你更好地了解如何解构问题，尤其是当你拓展了视野之后，能更清楚地了解问题的全貌。你可能会想，“并不是只有我有这样的经历”，或者“其他人的情况比我更糟”。因此，与他人交往可以帮助你适度地看待微压力。

最后，萨利纳斯说，拥有多维生活意味着你的身份并不局限于工作这一项活动。研究表明，二十几岁和三十岁出头的成功人士往往容易出现职业倦怠现象，因为他们没有发展其他维度。萨利纳斯说：“他们对自己身份的认同越来越依赖于工作。这意味着工作中积极的事情会带来极度的兴奋，但消极的事情也会带来极度的沮丧。”仅仅是与他人建立联系、进行非正式交谈、分享共同的兴趣爱好，或者只是短暂地从工作以外的角度看世界，都可以缓解日常的微压力。但是，在生活中，人们往往肩负着多种责任，有时仅仅是因为太忙就放弃曾经喜欢的活动和关系。

学会管理微压力 THE MICROSTRESS EFFECT

检查人际关系的多维性

利用“评估并改进你的关系维度分析清单”，看看你是否在工作之外至少有 2 ～ 3 个维度的人际关系。在第一栏中，列出常见的 4 种维度。在第二栏中，写出你在这 4 个维度是如何与他人建立联系的。在第三栏中，确定你参与每个维度的活动和小组的方式，为你的生活增添个人成长的机会。在最后一栏，写出你可以采取哪些具体行动，让自己真正融入这些活动或小组。在自测表中，最后一栏填写了一位受访者计划采取的行动实例。在此过程中，请参考我们的受访者通常认为的成功获得人际关系多维性的两种策略：

- **重拾过去的活动。**许多受访者放弃了曾经喜欢的活动，但基础还在，因此可以轻松地重新参与这些活动，如社区篮球或周末钓鱼，并利用这些活动结交新朋友。
- **重拾过去的人际关系。**10% 的高绩效精英通常会重新建立长期被忽视的人际关系，并通过有组织的活动来维系这些关系，例如每月到朋友家聚餐，定期玩一玩大富翁桌游，跟大学同学保持联系，每年组织一次郊游，平常多与朋友聊天或打视频电话。

评估并改进你的关系维度分析清单

评估并改进你的关系维度

维度	你在这个维度是如何与他人建立联系的?	你可以采取哪些措施在这一维度建立联系? 考虑你过去可以接触到的活动和关系 找出你可以加入的小组、可以接触的人，或者你可以重新分配时间的方式，将这些联系作为优先事项	行动范例
朋友或社区：参与体育运动、读书会或晚餐俱乐部等集体活动			加入当地社区中心篮球队
公民或志愿者：为有意义的团体贡献自己的力量，这些团体为我们明确了目标感，让我们有机会接触到多样化但志同道合的人			主动贡献自己的技能和经验，向需要帮助的孩子传授金融知识
家庭：关爱家人、树立有价值的行为典范、与大家庭一起践行传统和价值观			优先考虑家庭传统，比如一起共进晚餐、烹饪家传的菜肴
精神或艺术：围绕音乐、美术、诗歌和其他艺术领域的互动，将自己置于更多维的关系中			重新拿起自己的小提琴，加入当地的室内音乐小组，重新点燃自己对古典音乐的热情

根据美国生活调查中心（Survey Center on American Life）的数据，在过去 30 年里，那些一个亲密朋友都没有的人的比例翻了两番。近 1/2 的受访者表示，他们在过去一年里失去了与朋友的联系，而有 1/10 的人表示他们与大部分朋友失去了联系。这种发展趋势是不健康的。萨利纳斯的研究表明，即使仅仅有一个人可以倾听你的心声，也会带给你更强的认知恢复力。认知恢复力是衡量大脑运作能力的一个指标，比用大脑的衰老程度或与疾病相关的变化程度来衡量更为有效。萨利纳斯说："与他人保持联系似乎可以缓解大脑衰老和疾病的负面影响。这足以让你的认知年龄年轻 4 岁，对你的健康具有显著的影响。"

要想获得全面的幸福，你必须制定策略，不仅要对抗微压力，还要帮助自己过上想要的生活，拥有生命韧性、身体健康和生活目标。你与他人的联系，对这 3 个方面中的每一个来说，都将发挥关键作用。在微压力的冲击下你也能很好地生活，这并不是一个孤立的目标。事实上，它也不应该是。接下来的章节将告诉你，人际关系的真实性和多样性并不是美满生活的点缀，而是不可或缺的基石。

化解微压力
Tips

在我们采访过的高绩效精英中，其中 10% 的高绩效精英不仅能有效地管理微压力，而且还能通过与他人建立真实的微联系，过上丰富、多维的生活。

1. 哪怕只是消除生活中的两三个微压力，也能让你的生活大为改观。

2. 10% 的高绩效精英在 3 件事上比其他人做得更好：

    - 消除单个微压力。
    - 认识到自己造成的微压力最终会反作用于自己。
    - 创建一种多维的生活，让许多微压力不再影响自己。

3. 他人既是触发我们微压力的原因，也是解决方案的一部分。只要稍微改变你的习惯和做法，就能找到与他人建立联系的小技巧。与他人建立联系，不仅能给你提供对抗微压力的“灵丹妙药”，而且还有助于提升生命韧性、促进健康，以及实现生活目标，从而为幸福生活奠定重要的基础。

4. 对抗微压力不必非得拥有一两个生死之交。相反，在工作和个人生活中建立多种多样的人际交往，不仅能够让你正确看待微压力，而且还有助于让你过上更满意的生活。

THE MICROSTRESS EFFECT

第 6 章

方法一，打造韧性网络

韧性是应对微压力的关键。每一次从微压力中恢复过来，都有助于避免微压力的累积。

迈克尔在一家很有声望的医院里任麻醉科主管，他已经习惯了应对日常挑战。他要对几百名医生和护士负责，因此每天都承受着微压力的侵扰：行政工作的优先次序频繁变动；与其他部门负责人的目标难以协调；领导不切实际的要求不断消磨他完成工作的精力；重要投资人的要求导致他无法专注于自己的核心工作；等等。然而迈克尔经受住了所有这些挑战，因为他在医院内外都建立了广泛的人际关系网络，这些关系帮助他很好地管理了微压力。所以，在大多数日子里，他在兼顾高压工作的同时，生活也过得有条不紊。不过在新冠病毒感染疫情期间，一切都变了。

由于麻醉科不能采用远程医疗的方式，迈克尔和他的团队不得不日复一日地坚守在超负荷运转的医院里。既要对他非常关心的团队负责，又要对受疫情影响的大量患者的生命负责，这让迈克尔感到不堪重负。他告诉我们，“两个月来，我彻夜难眠。我把团队送上抗击疫情的第一线，却没有足够的保护措施，甚至都不知道他们中有多少人会被传染”。迈克尔每天要工作 16 小时，他必须为团队在这种特殊时期如何工作做出明智的决定。他回忆说："一些同事会在晚上和周末打电话给我，在电话里泣不成声，他们担心自己的生命安全，这就是我们面临的现实情况。"

还好迈克尔早就对这种高压情况做好了充分的准备。多年来，他与许多人建立了真实的联系，这些人际关系为他应对日常工作中的微压力提供了重要的支持。疫情期间，他和团队不得不改变以往的工作方式，因此，压力增加到了前所未有的程度，但他仍然有一个可靠的人际网络，可以帮助自己减轻压力。迈克尔的职业关系网络为他提供了各种支持，从接手任务给他腾出时间，到借给他额外资源，再到帮助他思考如何应对每天的挑战。他告诉我们："我无法表达我对同事的感激之情，在那之前，我都没有意识到我们在日常生活中是如何互帮互助。"

疫情期间，微压力每天都在以惊人的速度和数量累积，迈克尔需要强大的韧性来应对这些压力，此时，他之前建立的职业关系网络和朋友圈提供了莫大的帮助。如果不是因为平日里与同事建立了良好的关系，那么他在疫情期间遭受的打击可能会更大。

对大多数人来说，疫情期间经历的挑战是对人们应变能力的极大考验。你也许不像迈克尔那样每天都担心自己的生命安全，但生活中会突然充满以前从未面对过的微压力。新冠病毒感染疫情是一个典型的例子，它提醒人们广泛与他人建立联系的重要性，无论是个人联系还是职业联系，都是帮助人们度过异常艰难时期不可或缺的支持。因此，在日常生活中建立自己的人际关系并加以利用，可以帮助你更加快速地应对各种级别的挫折。

当韧性融入日常生活时，它对人们的职业成功和身心健康都起着至关重要的作用。

大量研究表明，韧性强的人在职业上往往会更加成功，在面对工作竞争或晋升机会时会更有优势，这类人能够更从容地应对高强度的工作和经济挑战。研究进一步揭示，韧性可以保护人们免于职业倦怠，使个体维持着高水平的希望和乐观态度。韧性强的人即使在充满挑战的时期，也较少患上身心疾病，而且往往对工作抱有更高的满意度。当周围环境发生剧烈变化，或自身面临被淘汰的挑战时，韧性强的人能积极地学习新技能，以应对变化。可以说，每个人都需要韧性，如此才能防止被日常的微压力扰乱工作和生活的节奏。

对 10% 的高绩效精英的这一研究结果表明，韧性的培养和建立并非源于深挖内在勇气，而是在与他人的互动中逐渐积累与塑造的。如前所述，韧性并非完全依赖于那些能随时给予你支持的“生死之交”。实际上，你可以与生活中的各类人群建立起各种真实的联系，并在每一个微小而真实的互动中，逐步培养自己的生命韧性。

它需要人们具备一种敏锐的洞察力，以一种微小却有力的方式，在恰当的时间接触到对的人，从而获得恰到好处的支持。比如，有时候，人们需要其他人的共情，但过度的共情也可能会让人们陷入自我怜悯中，难以向前迈进。在另外一些时候，人们需要的是前行的建议、不同的视角，或者那种笑对生活的豁达态度。然而，正是那些微小而真实的互动时刻，可以帮助人们重新振作，避免陷入消极情绪的陷阱。在本章中，我们将深入探讨其中的原理，并向你展示如何构建并维护一个强大的韧性网络。这样的人际关系，可以帮助你在日常微压力和重大挫折的冲击下，依然能够坚定前行。

当遇到挑战时，大多数人都倾向于向亲近的家人和朋友寻求支持。然而，亲密圈子之外的关系也能提升你应对日常微压力的韧性。10% 的高绩效精英就特别擅长建立和培养广泛的人际关系，这些关系会有效地帮助他们应对日常微压力的侵扰。当他们遇到更具挑战性的挫折时，这些人际关系更是他们维持生命韧性的坚实后盾。

韧性不仅体现在当人们遇到困难时有人可以依靠，还体现在那些真实的互动本身。在与他人进行交流的过程中，这些互动可以帮助你验证计划的可行性，以全新的视角去审视问题，以乐观的态度面对困境，并感受与他人建立真实连接的充实感，或者直接鼓励你重新站起来再试一次。无疑，韧性是应对微压力的关键。每一次从微压力中恢复过来，都有助于避免微压力的累积，进而最终拖垮你。以下是一些行之有效的方法，通过建立广泛的人际关系，让你在微压力袭来时能快速找到自己的韧性。

寻求共情支持，释放情绪，保持平衡

有时，当你面对挑战时，你并不一定需要他人的建议或指导。你只希望能有个人可以倾听和认可你的心声。这种支持有助于你保持情绪的稳定。在伴侣间经常会有这样的情况，当一个人向另一半倾诉时，倾听的人努力提供实际的解决方案，却没有意识到，他们的伴侣需要的并不是建议，这让他们经历了惨痛的教训。只有正确地应对这种情感交流，人们才会得到他们当下最需要的东西。一位成功的银行家与我们分享："我可以自由地宣泄情绪，表达内心的真实感受，然后我丈夫会说，'别担心，一切都会好起来的'。当然，我知道这并不总是真的，但当他这么说时，我就会感到很安慰。"

一般而言，共情可以通过3种方式减轻微压力的影响。首先，共情允许情绪的释放。比如，在一个安全的环境中，你可以自由地表达愤怒，从而可以让你做出更加理性的反应。其次，共情还能提供验证的机会。当有人帮助你确认你正在面临着挑战，或者你感到沮丧是正常的反应，这时候可以消除你自我怀疑的微压力。最后，共情体现了人与人之间的关怀。仅仅是知道有人在你身边，你不必独自面对逆境，就能起到为你增强信心的作用。一位受访者向我们分享，在他那段工作特别忙碌的时期，他从教会小组那里得到了这样的感受："这就是陪伴的力量，大家甚至什么都不用说，只是坐下来陪陪我，就让我知道他们是关心我的。"

微压力下的共情支持并不完全是为了抚慰自己。你可以将其作为临时的精神支柱，帮助你坚定信念，渡过难关。以盖布为例，他是一名技术主管，在平日里，他非常依赖妻子和一群好朋友的共情支持。他跟妻子在同一家公司工作，两人经常会相互吐槽工作中的一些问题。只要把不满大声说出来，盖布似乎就能更加清醒和冷静地看待问题了。他的妻子经常安慰他说，他所面临的问题对任何人来说都是一个挑战，并提醒他，不要对自己太严苛。

此外，盖布还会向不同领域的朋友表达他对工作的不满，这些朋友有像他一样的IT人员，也有职业的漫画家。和他们在一起时，盖布觉得自己可以轻松地开玩笑，可以做真实的自己。他进一步解释这种感觉："仅仅是和他们在一起时产生的那种共鸣，就能让我重新充满力量。我知道自己不是一个人在迷茫地挣扎，这让我感到很欣慰。"即使只是得到一点共鸣，也能帮助盖布重新调整状态，找到克服困难的方法和途径。

来自 10% 高绩效精英的建议 THE MICROSTRESS EFFECT

- **寻找拥有共同经历或相似挑战的人。**

  当你面临挑战时，虽然你最亲近的人给予的支持非常重要，但他们可能无法完全理解你所经历的一切。因此，寻找那些与你有着相同经历的人，比如，你可以和你现在职位的前任联系，听听他们是如何应对经理反复无常的脾气的。或者，找到一个能够倾听、理解你的困扰，并能提供有效观点的人，因为他们也曾经历过类似的情况，他们的宝贵经验将成为你的韧性的有力来源。

- **建立定期聚会的传统，而并不将其看作需要恪守的职责。**

  选择一个固定的时间，与你的一群朋友相聚，并保持稳定的联系。把这些聚会视为你们社交联系的一种传统，而非需要恪守的职责。一位咨询公司的高管告诉我们，几十年来，她每年都会与大学里最好的朋友一起度过女生周末，“每年都会有这样一个周末，无论生活中发生了什么，我们都会坚守这一传统”。她们经历了孩子出生、移民到其他国家，甚至个人健康问题，但是都保持着这种长期稳定联系的仪式。因为她们都不在彼此的日常生活中，所以可以没有顾虑地分享各自的挣扎，而不会担心被评判。这种友情也延伸到了线上群聊中，这几乎每天都能为她们提供情感上的支持。

- **传递爱。**

  为他人提供共情支持。人们常常自视为擅长帮助别人解决问题的人，然而，仅仅做一个好的倾听者就有巨大的价值。尝试改变一下沟通方式，比如以“这听起来真的很难”和“我能想象这对你来说有多困难”作为开场白，而不是急于给出建议。记住：少说，多听。

找到能指引并激励你的人

单纯的情绪宣泄可能会让你暂时感觉良好，但最终你还是需要一个切实可行的方法来继续前行。人际关系在这方面扮演着重要的角色，它们可以提供一些切实可行的操作模式，比如你可以问问曾经遇到过这种情况的人是如何处理的，这会给你带来前进的助力。对方可能会激励你，甚至会迫使你采取行动，真正去做一些事情，而不只是沉溺于自我怜悯中。

韧性强的人能够更广泛地利用他人的想法来构想其他可行的前进路径。通过在关键时刻迅速采取行动，他们可以防止微压力逐渐累积放大。

尝试找到这样一些人，他们能帮你把问题分解成更小、更容易处理的部分，能指引你找到解决艰巨任务的新的解决方案，并激励你采取行动。总之，如果你能与这样的人建立联系，无疑将会提高你的应变能力和韧性。

评估韧性网络的强度

大多数人都能说出几位曾帮助他们度过艰难时期的朋友，但你的日常韧性网络究竟有多坚实呢？在“我的韧性来源分析清单”中每个问题的旁边，写下在日常生活中可以为你提供这种支持的一个或几个人的名字。在最后一栏，简要描述他们是如何帮助你的。

仔细查看这份清单，这就是你当前的韧性网络。它是否强大？清单上写了许多名字吗？是否有一些空白？你也可以检查一下是否有一个人被反复列出，比如你的伴侣。过度依赖一个人意味着你的韧性网络可能没有那么强！如果你在遇到挑战之前没有建立起一个稳固的支持网络，那么你就更容易因为挫折而受到较大冲击，甚至会偏离正常的生活路径。

我的韧性来源分析清单

韧性来源	人名	他们如何帮助你
谁能提供共情支持，让我释放情绪，然后保持内心的平和？ 这个人可以让我宣泄情感，理解我，或者只是让我感觉有一个人在倾听我的心声		
谁能指引我看到前进的方向？ 当我需要切实可行的建议时，这个人会给我提出建议，分享他是如何面对类似挑战的，或者让我看到一些可以选择的解决方案		

韧性来源	人名	他们如何帮助你
谁能给我提供不同的视角？ 当我陷入过度思考或即将沉溺于自我怜悯的漩涡中时，这个人会帮助我指出，事情并没有想象的那么糟糕		
谁能帮助我处理工作或家庭中的激增压力？ 当我被各种要求压得喘不过气时，这个人可能会拿出资源、时间和才能，来帮助我渡过难关		
谁能帮助我理解复杂的人际关系或办公室的政治环境？ 这个人可能拥有更丰富的经验或更广阔的视野，可以帮助我更好地理解他人的行为		
谁能帮助我放松心态，笑对自身的不足或当下的处境？ 这个人可能擅长用幽默来缓解紧张气氛		
谁能帮助我从挑战中暂时解脱出来或休息一下？ 这个人可以陪我一起做一些与我当前挑战完全无关的活动，可以是挥洒汗水的运动，或是亲近自然的远足，或是一次远离日常的度假，这样我的身心都会得到休息		

共情可以来自任何关心你的人。在你的人际网络中，总有那么一小部分人可以帮助你指引并寻找前行的道路。你要寻找那些能根据具体情况给出建议的人。他们可能熟悉公司的运作方式，也可能了解给你造成微压力的人的行事风格，因此他们的建议具有较高的可行性。总之，一定要寻找

能帮你想出办法的人！有时，同一个人可以在你的生活中扮演多种角色，一个能共情的倾听者也可以成为帮助你规划未来的顾问。但关键在于，你需要确保你的人际关系中有来自不同背景、不同领域的人，这样就不会出现你过于依赖某一个人来扮演多重角色的情况。

以伊莎贝尔为例，她是一个制造部门的负责人，每当遇到微压力时，她可以根据情况向同事或家人求助。在某些情境下，她会从兄弟姐妹那里寻求帮助，他们都在不同的组织中从事类似的工作。她可能会打电话给姐姐说："我正在说服人们购买新系统，但遇到了一点困难。你当初用了什么策略来鼓励人们拥抱变化的？"当伊莎贝尔从管理一个小团队变成领导一个规模更大、涉及岗位更广的团队时，她借鉴了哥哥在授权方面的经验。

来自 10% 高绩效精英的建议

THE MICROSTRESS EFFECT

- **发展"当机立断"的顾问。**

  这些人能帮助你看清该选择哪条路，放弃哪条路。你信赖他们，正是因为你知道他们会给出中肯的建议，他们的价值远不止与你产生共鸣，他们是能帮助你做出正确选择的坚实后盾。这些人可能是值得信赖的专业导师，可能是对你和你的情况非常了解的亲密同事，甚至可能是也经历过类似生活挑战的你的父母。要留意你身边哪些人善于帮助你果断地做出决策，比如那些会说"别在那上面浪费时间"或"如果我是你，我就直接去要求升职"之类的话的人，把他们发展为你的生活顾问。

- **找到愿意直言相谏的人。**

  这些是你信任的人，会对你直言不讳，即使那些话有时候让你听了会不舒服，你也不会轻易忽视。在帮助你重塑视角方面，他们发挥着重要作用，能让你在困惑时扩展视野，拓宽思路。我们的一位受访者曾因为没有得到晋升而陷入自怜之中。起初，她的丈夫给予了充分的共情支持，但是一两天之后，他不无真诚地说："总的来说，你真的没什么可抱怨的。你有一份令人羡慕的工作和一个美满的家庭。这不过是一次升职而已，忘掉它吧。"当然，那些敢于直言的人也不一定局限于你亲近的人。在我们的研究中，10%的高绩效精英经常谈到他们职业生涯早期的上司或第一任老板。他们曾认真思考过这些关系的重要性，因为这些人总是真诚直率、一语中的，尽管有的话比较直接，但是他们令人尊敬。正如一位高级经理所说的，"我们之间非常信任，无论是工作上的事情，还是其他方面，当我需要一些建议的时候，我只需要说一句，'我该怎么做？你以前经历过吗？'"

遇到挫折时，用新的视角看待问题

当你遇到挫折时，你很容易陷入恐慌情绪，但如果能从更广阔的视角来看待事件，也许可以让你以更积极的态度来对待它们。这种扩大视野的做法有时被称为“去灾难化”。然而，要做到这一点，可能需要你进行大量的认知提升。但是，如果有其他人引导你退后一步，重新构思，在更广阔的背景下看待问题，你往往会做得更好。

以查理为例，当他发现自己被排除在一个重要会议之外时，愤怒的他想立即冲进主管的办公室。但他意识到自己的愤怒已经让他难以冷静思考，于是他给一位十分信赖的，但不属于他的团队的同事打了电话。由于同事没有经历过查理当下这种受伤的感觉，于是她冷静地帮他重新疏理情况。她建议：“今天什么也别做，你的经理现在正忙得不可开交。也许你没有被列入名单是有原因的，或者可能是一个疏忽。在你进一步了解情况之前，不要冲进他的办公室。”这个建议完全正确。随后和主管的谈话证实了这一点，他是出于好意，不想让查理在那次会议上浪费时间。事情往往不像你想象的那么糟糕，尤其是当你把克服挫折作为实现更大目标的一部分时。

来自 10% 高绩效精英的建议 THE MICROSTRESS EFFECT

- **用新的视角看世界。**

  比如，可以试着求助一位值得信赖的导师，或与你的工作几乎没有关系的朋友，这些局外人提供的全新视角有助于缓解日常的微压力，因为他们会从一个不那么情绪化的角度提醒你以大局为重。人们常常从他人那里获得的一种特别有效的视角是“不要小题大做！”，尤其是当你陷入过度思考、压力重重或自我批评的困境时，这是一个非常直率且有用的建议。

原本支持你的伴侣或密友可能会打断你的自我怀疑，说：“你花了太多时间思考，别胡思乱想了。”

- **强化你的核心价值观。**

  当微压力袭来时，与那些能帮助你牢记核心价值观的人建立联系。他可以是相识多年的朋友，尽管对你的专业成就不那么了解，但他是真正关心你的人。读书俱乐部、教会小组或志愿者小组等社团，为10% 的高绩效精英提供了莫大的帮助，让他们与来自各行各业、拥有共同价值观的人建立联系。一位10% 的高绩效精英描述，一次在与一位儿时的朋友打篮球时，他们讨论了职业生涯的艰难抉择。突然，朋友叫他停下来。他回忆说：“朋友说，‘老兄，你什么时候开始这么在乎一个虚无的头衔了？’我意识到他说得对，我所做的工作远比我拥有的头衔更重要。”

从人际关系中寻求帮助

回想一下你在工作中遇到微压力激增的那些时刻，比如一个重要客户突然提出要求、一个团队因人手不足陷入困境、一场压力很大的董事会汇报。你是如何度过那段艰难时期的？如果你和很多人一样，你可能会采取英雄主义式措施来应对这些挑战。你加班加点地工作，即使你想努力做到全心全意陪伴家人，但注意力总忍不住地在工作和家庭之间跳来跳去，甚至你可能还取消了个人计划。但是，这些超乎寻常的付出是有代价的，当你过度地投入工作以应对激增的微压力时，会让一切失去平衡，从而削弱你对生活的掌控感。

更有韧性的方法是从你的人际关系中寻求帮助。以我们之前讨论过的麻醉师迈克尔为例，尽管当时形势严峻，但他并不是一个孤胆英雄。他利用与一位部门主管之间牢固的工作关系，共同应对激增的工作量。还有一位同事“借给”他行政人员，帮助迈克尔的部门处理日程安排和其他运营任务。他回忆说：“在几个非常重要的关头，这些帮助我们避免了超负荷工作。”在这段艰难的时期，迈克尔做得特别好的一件事是以微小但具体的方式寻求帮助。他告诉我们，只要知道有可靠的人站出来帮助他，“我就能在那段时间专注于最重要的事情”。

来自 10% 高绩效精英的建议 THE MICROSTRESS EFFECT

- **主动帮助你关系网络中的人。**

  不要等到危机来临时才向别人求助，也不要等到危机来临时才去帮助别人。即使没有紧迫的问题，也要主动寻求机会帮助他人，这样才能为将来的互相支持奠定基础。你提供的支持可以很简单，比如在公共场合主动夸赞他人，并给予应有的认可。这些看似微小的举动就能建立起信任和互惠的关系，并播下关系的种子，在出现激增的微压力时，这种关系往往能给你提供支持。

- **确保你的同事认为你是值得帮助的人。**

  当有人需要你的帮助时，不妨在日常的协助之外再迈出一两步，奉献你的时间，或帮助他们解决棘手的问题。自己先成为这样的人，会鼓励同事在你需要帮助的时候也伸出援手，因为他们知道自己的帮助会在未来得到回报。

- **找出有共同目标的人。**

  有些人会因为你们的目标和兴趣有交集而愿意帮助你，要努力与他们建立关系。寻找你们的共同目标，它们可能并不是工作中的。比如，你可以为同社区的孩子们协调运动队的拼车。

与有幽默感的朋友保持联系

显而易见，大笑能让人恢复活力。但大笑的生理效应的原理鲜为人知：大笑能激活神经通路中的喜悦和欢乐等情绪，提高血清素水平，限制皮质醇等压力激素的分泌。它简直就是一种抗抑郁剂，而且没有副作用。有证据表明，当人们与他人一起欢笑时，笑得最开心。语言学家唐·尼尔森（Don Nilsen）指出，当人们独自一人时，不管是轻笑还是大笑都很少出现。

这些信息可以给我们提供宝贵的启示，指导我们保护自己免受微压力的侵扰。大笑可以帮助每个人放松身心，促进思考，激发创造力，并感受到人性的温暖。正如一位高管所说："大笑能降血压，对吧？就像'嘿，这不一定只是压力和工作，我们在做这件事的同时也可以开心地面对'。"

这并不意味着你要恶补一下老爸的经典笑话，只为了能够在会议上成为风趣的那个人。还有其他一些简单的方法来展示你的幽默，以此作为日常微压力的解药。一位人力资源高管描述了他的一群小伙伴常互发短信的习惯。有一次，他正在参加一个严肃的会议，其中一个人给他发了一条让他捧腹大笑的短信。虽然那只是一个轻松的玩笑，却能帮助他应对工作中的无聊和压力。另一位高管也分享了她的经历，她有这样一位朋友，当她觉得整个世界都在与她为敌时，她就会给这位朋友打电话。聊过一会儿之后，这位朋友就会说“好了，够了”，然后开始以一种幽默而夸张的方式进行调侃。这位高管说：“这可能很离谱，但这种方式阻止了我的情绪继续陷入消极和怜悯的泥潭。”

来自 10% 高绩效精英的建议 THE MICROSTRESS EFFECT

- **在虚拟空间分享幽默。**

  即使是瞬间的大笑也很重要。与那些跟你有共同幽默感的朋友保持线上联系，能让你一整天或一周都心情愉快，这是“永远在线”文化带来的真正好处。一位高管告诉我们：“有时候，我正在家里忙着，一个朋友发来信息，我就会停下来看一段 30 秒的短视频，结果还没看完，我就已经笑出泪来。有时候，这足以把我从当天所面临的任何微压力中拯救出来。”还有人告诉我们，他们组建了家庭聊天群，在群里分享家庭笑话。“当我得意地向女儿展示我的一篇帖子得到的评论时，女儿调侃道，‘爸爸，你现在完全是一个有影响力的人了……’于是我也跟着她自嘲起来。”

- **轻松应对困难局面。**

 10% 的高绩效精英总是能找到发挥幽默的方法，即使这意味着以牺牲不合理行为的上司为代价。一位受访者告诉我们，尽管团队为了赶上进度已经在夜以继日地工作，甚至好几个周末都没有休息，但在一次会议上，他的上司还是斥责团队错过了最后期限。面对这看似无法挽回的尴尬局面，上司一离开会议室，这位受访者就转身对沮丧的队友们说："嗯，干得漂亮！"全场哄堂大笑，紧张的气氛顿时化解。

- **使用自嘲式幽默。**

 自嘲能让人摆脱尴尬情境，让别人看到你真实、脆弱的一面。这种幽默无伤大雅，可以使团队成员之间建立起更为融洽的联系。一位管理者称她与另一个部门的同事之间时有摩擦。但是，在争辩激烈的时刻，她的同事经常能用一种恰到好处的自嘲来化解紧张的气氛，比如她会说："嗯，看来是我解释得太清楚了！"然后他们都会大笑起来。穿插一些幽默的元素，能及时避免他们在想法或方法上的冲突变为个人之间的争执，并帮助他们认识到，如果讨论变得激烈，那是因为他们都太想把工作做好了。

借助他人经验应对办公室政治

当人们因他人一句不经意的评论而苦恼不已，或者担心在错误的时间对错误的人说了错误的话，或者反复检查自己的电子邮件以确保自己没有无意中冒犯别人时，微压力就会不断产生。如果人们觉得自己没有完全理解某种情境下潜在的政治因素，就会失去方向，甚至彻夜难眠，在脑海中回放和重现各种事件。然而，仅凭个人的努力，人们不太可能突破自己对特定情境下政治动态的理解局限。

如果有一个比你更能看清办公室政治格局且值得信赖的盟友，你就能更自信地定位自己的工作，更清楚努力的方向，而不必无谓地担心那些无关紧要的事情。同时，能避免你进行一些无益的对抗而浪费太多时间，更少去担心别人的动机和潜在的优先事项，以及对自己的立场更为坚定。

你不需要与能帮助自己解决所有办公室政治问题的人建立联系。但是，如果能与一群不同角色的人建立联系，并且他们可以帮助你理解办公室政治，那么你将受益匪浅。比如，也许你没有意识到某位同事正在承受巨大的业绩压力，担心自己的工作会受到影响，或者他过去曾在这方面经历过失败。这时候，如果有一位经验丰富的同事来帮助你解读事情的真相，正确理解这位同事的反常言行，会对减轻你的压力大有帮助。

例如，恩里科是医疗保健行业的一名高级经理，他与新老板的谈话总会令他感到困惑，每当这个时候，他都会向以前的一群同事求助。事情是这样的，在讨论一些高度机密的材料时，老板说他们竟这么随意地讨论这个问题。恩里科一直在琢磨她这话是什么意思，难道老板不信任他？好在前同事帮助恩里科重新解读了老板的意思。同事解释说，也许她自己也对能接触到这些信息感到紧张，这是她的一种表达方式。但在那次谈话中，她显然是信任恩里科的。恩里科告诉我们，如果他没有弄明白这里面的原委，“可能我直到凌晨一点还在反复思考这件蠢事”。

来自 10% 高绩效精英的建议 THE MICROSTRESS EFFECT

- **与“联络人”建立联系。**

  在每个组织中，都有一些天生的联络人，他们似乎在每个办公室和部门都有相熟的人，甚至可能与该组织的校友也关系密切。他们是帮助你理解组织政治的有力支持者。一位业绩突出的员工告诉我们，他每天最有价值的对话之一，就是在从停车场到办公室的路上与信息技术部门某个同事的闲聊。他说：“与整天坐在自己的办公室里相比，我感知到了完全不同的信息。”你要确保你也是联络人非正式关系网络的一部分。例如，一位 10% 的高绩效精英与人力资源部的一位同事长期保持联系，即使他们并不在一起工作。每当她不确定是否要提出一项新倡议时，人力资源部的同事都会给她一张“路线图”，“从这个人开始，然后是那个人，最后你就会得到足够的支持把它提交给委员会”。这些内部信息是一种宝贵的资源。反过来，当人力资源部提出一项新举措时，她也公开表示支持。她告诉我们：“我们只是建立了一种相互尊重的关系。”

- **与“关键人物”保持联系。**

  这些人不一定是你在公司中最亲密的盟友。不过，你应该与那些愿意与你分享经验和观点的人建立关系。一家出版公司的后起之秀说，她经常向一位在公司工作了 20 年、即将退休的同事寻求指导。“我们的关系并不是特别近，不过因为她总能远离政治纷争，而且她有惊人的直觉，并且会很慷慨地分享她的想法和经验，比如如何处理最后期限问题，以及某些人对被排除在外的反应等。”

找到能帮你从微压力中解脱出来的人

好好休息对于维持人们的最佳工作状态至关重要。研究发现，休息之后，人们的幸福感会得到明显提升，这是因为休息不仅能降低压力，减轻情绪上的疲惫感，还能提高人们的能量水平，使其更能集中精力，更投入地工作。

大多数 10% 的高绩效精英都表示，和其他人一起休息，即使是在沉浸式活动中，也能带来很多好处。这是因为如果休息活动是与其他人一起进行的，就更容易停止思考个人或职业上的微压力。

布赖恩特是一名财务主管，他通过与家人共度美好时光、参与社区活动和加入摩托车俱乐部等方式来释放压力。在公司里，工作会吸引他所有的注意力。和家人在一起时，他的一切心思都围绕着家人。而骑摩托车是让他远离工作和家庭这两大微压力源头的有效途径。他在参加摩托车俱乐部的活动时，能彻底地放松。他说：“我们在那里只做一件事，就是骑行并享受骑行带来的快乐。一群人骑着摩托车自由驰骋，这是世界上最好的减压方式。”

来自 10% 高绩效精英的建议 THE MICROSTRESS EFFECT

- **围绕共同的娱乐活动建立人际关系。**

  这不仅可以与其他人一起沉浸在自己喜欢的活动中，而且还可以通过这种活动来给自己补充能量。一位受访者每年都会参加一次冥想静修活动。在这一活动中，小组成员被要求在一天中的某个时间段保持沉默，其余时间可以与其他参与者进行交流和分享。他告诉我们："我发现这个小组对我的整体健康至关重要。在这个我们彼此非常熟悉的小组里，我们可以完全做自己。我每年都非常期待参加这个静修活动。"

- **与他人一起追求自我完善。**

  一位科学家告诉我们，每到元旦，她都会列出一份计划阅读的书单，但很少能完成。后来她加入了公司的一个读书小组，小组成员每个月会利用午餐时间聚会一次，分享读书心得或感受。这不仅激励她坚持阅读，还让她有机会与公司其他部门的人建立联系，否则她根本不会认识这些人。

- **扩展人际关系。**

  10% 的高绩效精英非常重视长期维护他们的社交网络，尽管这些人与他们的职业或个人生活并不直接相关。卡萝尔就是一个生动的例子，她加入了当地的一个户外咖啡小组，这个小组是在新冠病毒感染疫情期间成立的。最初，有人在当地一个公园的布告栏上贴了咖啡小组发起的邀请，于是人们开始陆续加入进来。他们每周都在公园里组织一次聚会，彼此间隔而坐，随意交谈。她告诉我们："起初，我们谈论的都是疫情相关的话题，但随着时间的推移，这成了我获得全新生活视角的绝佳方式。"另一个例子是，一位媒体高管加入了当地的一个歌唱小组，尽管小组里的人她之前都不认识，但她喜欢参加这个每周一次的活动，她之前并不知道这个社团的存在，如今，她已成为其中的一部分。尽管她是个内向的人，但在唱歌间隙，与人聊天谈笑会变得很容易。

学会管理微压力 THE MICROSTRESS EFFECT

通过人际关系增强韧性

你的人际网络是否足够强大，是否在你遇到挫折时能够给予你所需要的支持？可以通过两个步骤来找出答案。

找出你需要的最重要的韧性来源

正如本章所述，有 7 个与人际关系相关的韧性来源。这些来源对每个人来说并非普遍适用或同等重要。有些人可能看重开怀大笑，另一些人则更喜欢共情。人们对韧性的需求是非常个性化的，是由每个人独特的过往经历、性格特质、职业环境和个人生活状况决定的。但总的来说，人际网络就像是一个工具箱，人们可以在困难时期向它求助，并依靠它来应对日常的挑战。

使用“韧性来源分析清单”，从 7 种韧性来源中找出你在生活中最希望加强的前 3 种。在你最想培养的韧性旁边打上对号。

计划如何加强人际关系

反思一下你提到的前 3 种韧性来源。产生韧性的关系可以通过两种方式来有意识地培养。你可以加深现有的关系，也可以建立新的关系。这两种方法都可以使用，但要记住，扩大你的人际关系意味着你要发展多维度、多样的社交资源。多维度关系可以为你提供看待问题的不同视角，激发你的使命感，帮助你从日复一日的挣扎中解脱出来。另外，你要在工作、家庭、友情这些常规领域，以及这些领域之外，同时加深现有的关系与发展新的关系。

写下你想要进一步投入时间和精力的人或小组的名字。如果你想加深与他们的联系，那么把他们放在第三栏。如果你想与他们建立新的联系，就把他们放在最后一栏。“韧性来源分析清单”显示了你的清单的样子。

韧性来源分析清单

关系的作用	第 1 步：检查我希望加强的韧性来源	第 2 步：加强我的关系网络	
		确定深化现有关系的策略	确定与新的人或小组建立关系的策略
提供共情支持			
在遇到挫折时为我提供不同的视角	X		下班时，与其他部门的同事一起步行去乘火车

指引我看到前进的方向	X	在解决技术问题时，与其他部门的3位同事进行交流	
帮助我处理工作或家庭中激增的微压力			
帮助我理解办公室政治情境			
帮助我在艰难的处境中找到幽默应对的方式			
让我休息并复原	X	每月举行一次读书聚会，给20个好久不见的人发出邀请，看看谁会来	

最好的防御是做好准备

构建一个有韧性的人际关系是不可能一蹴而就的。正如我们所展示的，10%的高绩效精英在生活的方方面面都培养并保持着真实的联系，不仅是工作方面，还有体育活动、志愿者工作、社区活动、俱乐部，以及通过孩子去认识其他家长等。在这些领域的互动，为他们提供了多元化视角，拓宽了他们的自我认同，打开了他们看待生活的视野。总之，与他人的互动会让人们的韧性更强或者更弱，这取决于互动的方式和质量。

就像你可能没有意识到，在任何时候都有数十种微压力在“轰炸”你一样，你可能也没有意识到，你的人际关系对这些微压力来说是多么重要的“解药”。正是通过这些人际交往，让你更具韧性。比如，通过谈话验证了计划的可行性，重塑了对某种情况的看法，让人开怀大笑并感受到真实的连接，或者鼓励你重新站起来再试一次。在生活中，与他人建立联系不仅是一件令人愉快的事，而且对你的整体健康至关重要。在下一章中，我们将探讨这些联系如何帮助我们保持身体健康。

化解微压力
Tips

1. 这些互动可以帮助人们在微压力时刻找到韧性：
    - 寻求共情支持，释放情绪，保持平衡。
    - 找到能指引并激励你的人。
    - 遇到挫折时，用新的视角看待问题。
    - 寻求帮助，应对工作或家族中激增的压力。
    - 找一些能帮你自嘲的人。
    - 了解人或办公室政治。
    - 找到能帮你从微压力中解脱出来的人。
2. 你必须发展并维护你的韧性网络，不仅是为了应对日常的微压力，也是为了确保在你遇到重大挫折时能够有所依靠。

THE MICROSTRESS EFFECT

THE MICROSTRESS EFFECT

第 7 章

方法二，构建多维生活

与家人、朋友和社区保持令人满意的亲密关系的人，往往更健康、更长寿。

丽贝卡是一家大型研究机构的负责人，她向我们讲述了 7 年前自己的健康跌入低谷的经历。当时，她正在攻读在职工商管理硕士学位。她有一份全职工作，通勤时间需要 1 小时。在这段时间里，她逐渐养成了诸多不利于健康的习惯。通常，她会和丈夫在回家的路上，才商量晚饭吃什么。为了让她轻松点，他会说："去买快餐吧。"一天下来，几十个微压力已经耗尽了丽贝卡的体力，她已经没有力气去反对，更没有力气回家好好做一顿健康的饭菜，而她的丈夫也从未主动提出过做晚餐。所以，那段时间他们吃了很多快餐。而选吃哪种快餐成了她每天的"必修课"。

更糟糕的是，对于曾经活泼好动的丽贝卡来说，运动已经成了遥远的记忆。她意识到自己已经养成了坏习惯，但她找不到解决的办法。她的生活充满了微压力，这些压力带来的次生影响又不断地让她远离健康的生活习惯。她的丈夫和丈夫的朋友都对运动与营养饮食不感兴趣。他们的生活乐趣主要围绕着吃喝玩乐展开，社交活动也围绕着这一点展开。比如，周末的时候，他们经常会举办聚会来支持他们最喜欢的足球队。或者，他们经常在吃夜宵前，先去酒吧喝一杯。为了融入他们，丽贝卡觉得自己必须参与这些活动。她喜欢这群朋友，但作为一个群体，他们往往会助长彼此的坏习惯。她当时没有意识到的是，朋友的每一次邀请都是一种微压力，潜移默化地挑战着她的情感储备和自我认同。无奈，丽贝卡只能随波逐流，因为这是她唯一的社交渠道，但她发现自己在这个过程中越来越痛苦。

如果你今天见到丽贝卡，肯定认不出她来。我们采访她时，她活力四射、身体健康。她告诉我们，在某个时刻，她意识到现在的自己并不是她想要的样子。她回忆说："我只是觉得和我一起出去玩的人并不是最适合我的。"她终于明白自己的生活竟然建立在与一群价值观迥异的人的联系上，里面也包括她的丈夫。

没有什么灵丹妙药能让她立刻重回正轨，但和那些与她有着共同目标和愿望的同事建立友谊，对改变她的人生轨迹起到了关键作用。这些工作上的朋友促使丽贝卡把健康放在首位。当她向同事倾诉自己正准备离婚时，他们鼓励她不如干脆搬到城里住，这样通勤时间就能缩短一半，她也能有更多的空闲时间锻炼身体。她开始从点滴做起，养成更健康的生活习惯，比如她与其他部门的同事一起边散步边讨论工作。同事建议，"我们可以边走边聊工作"。起初，她不确定自己能否在散步时集中注意力，但她发现，摆脱办公区的喧嚣和干扰反而让她更加专注。这样，她在完成工作的同时还多了 1 小时的锻炼时间。

开始，她只是在午餐时与同事讨论工作，但随着时间的推移，他们的午餐变得不那么正式了。谈话内容很容易从工作转移到人际关系、婚姻、孩子、衰老、父母，他们彼此分享着各自生活的起起落落。这让午餐时光变得很重要，于是每个同事都特别重视和珍惜这 1 小时的时间，把其他事情暂时放到一边。

他们很少讨论健身或减肥的问题，但在彼此的积极影响下，开始慢慢改变。丽贝卡告诉我们，“我们互相督促对方吃得健康一点，确保要吃沙拉之类的东西。就这样慢慢地，我在 6 个月内减掉了 7 ～ 9 千克”。

丽贝卡身体状况的改变既源于她个人的强烈意愿，也是正向人际交往的结果。随着时间的推移，效果越来越明显。丽贝卡现在的新伴侣对她的健康有着积极影响。“我们喜欢一起做饭，”她说，“即使我想说‘嗯，我今晚真的很想吃快餐’，我的伴侣也会说‘不，我们不吃那个，做点更好吃的吧’，我都不记得上次吃快餐是什么时候了。”

随着微压力的增加，大多数人最先放弃的事情之一就是对健康的维护。因为太忙或太累，他们会逐渐放弃曾经生活中非常重要的活动。他们可能会尝试通过设定一个雄心勃勃的新年健康目标来扭转局面，“今年我要实现单次跑 10 公里的目标”，“今年我必须减掉多余的体重”或“今年我要重新拾起打网球的习惯”，然而，很少有人能坚持下去。

当人们未能实现这些促进身体健康的目标时，通常的反应是责怪自己，“我意志力太弱了”“我做事情不够专注”。或者将其归咎于生活的无奈，我每天都没有运动的时间。然而，不把身体健康放在第一位会带来持久的副作用。

在本章中，我们将解释为什么人际交往能对抗微压力给你带来的身体伤害。我们将探讨 10% 的高绩效精英始终坚持的改善健康之路，我们还将分享保持身体健康的实用技巧。

保持积极的社交互动

为什么人际关系会对人们的健康和寿命产生如此强大的影响？一部分原因是，积极的社交互动会对人们的生理机能产生直接影响。有证据表明，社会交往有益于身体健康。与他人的支持性联系有益于提升免疫系统、内分泌系统和心血管系统的功能，并减少压力对人体的损害。能够与家人、朋友和社区保持令人满意的亲密关系的人，往往更健康、更长寿。

然而，让这一切变得有点儿棘手的是，随着人们逐渐进入中年，虽然此时保持健康、积极的生活方式变得尤为重要，但许多人恰恰在这个时期开始忽视他们的人际关系。

微压力研究
THE MICROSTRESS EFFECT

一项关于人际关系和健康的研究表明，在 35 ～ 40 岁会出现一个拐点，此时，人们与那些督促他们进行体育锻炼和注意营养饮食的人，以及一起参与改善健康活动的人的联系越来越少了。这意味着，如果你按照常规的生活模式发展，那么在你生命中最需要加强健康联系的时候，你与他们的联系却可能比以往任何时候都要少。

在 10% 的高绩效精英身上，我们看到了与众不同的做法。他们不是单打独斗，而是通过与他人的联系，巧妙地将健康活动融入日常生活之中。他们不仅调整自己的行为习惯，还会优化人际关系，以减小回到旧模式的可能性。他们有意识地让自己远离那些会给健康带来消极影响的关系或环境，转而建立起积极、真实的联系，从而让这些联系成为帮助他们保持健康的重要支撑。他们保持健康的努力，不只是达到体重秤上理想的数字，或刷新 10 公里跑步纪录的时间，同样重要的还有分享他们的经验，以及得到他人的挑战和支持。

在采访中，无论受访者个人对健康的定义是什么，我们都会要求他们回想自己变得更健康的那段时光，然后不仅要分享他们那段时间正在做的事情，还要分享那些能够促使他们改善健康的关系所起的作用。我们采访的这些"大忙人"是如何成功地将新习惯融入生活，并避免倒退的呢？他们的答案大致如图 7-1 所示。

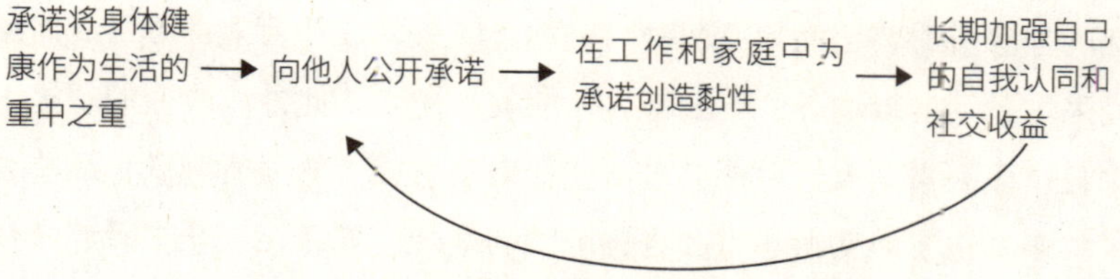

图 7-1　通过人际关系推动积极的健康轨迹

如果你重读丽贝卡的故事，就会发现图 7-1 恰好描绘了她在多年放任健康下滑之后重新回归健康的路径。其中的每一步都会引导着下一步的发生。请注意，丽贝卡的健康之路是分阶段进行的，不是一蹴而就的，但肯定是通过保持健康的人际关系实现的。在这一领域，大多数表现出色的人，都十分关注如何通过与他人建立联系来促进锻炼和营养饮食，从而增强体质。同样的原则也适用于专注于其他身体目标的群体，如正念、冥想、睡眠、预防性保健和压力管理。

让我们更深入地了解一下在通往更健康的道路上，每个阶段是如何运作的，以及人际交往发挥的关键作用。

把身体健康放在首位

如果某个人或某件事在适当的时机出现，让人们无法再拖延，一般来说大概率是健康问题。让人们下定决心的，可能是亲朋好友遇到了健康危机，比如脑卒中、心脏病或高血压等疾病；可能是某天喝了太多酒，感觉身体被掏空；可能是在医生办公室被体重秤上的数字吓了一跳；也可能是朋友中有人展示了将健康放在首位后带来的积极变化。

他人的推动是这一过程的关键部分。人际关系有助于将改善个人健康状况的抽象概念转化为具有明确目标的具体行动。任何人都可以成为激发人们采取行动的推动者，比如家人、朋友、同事。此外，改变的动机也可能来自负面因素。人们可能会被那些他们不想成为的人所刺激，那些因为吃了太多的快餐而变得超重和昏昏欲睡的经理，或者在工作中看起来疲惫不堪、焦头烂额的同事。一位受访者告诉我们，他的父亲在患病 5 年后去世了，他不想让自己久坐不动的生活方式对子女产生负面影响。在许多时候，对健康的重新定位和人际关系的共同作用，为人们迈出改变的第一步提供了动力。

把健康放在首位可以带来 3 个方面的好处。

- **让大脑采取行动。**一旦人们把注意力集中在实现一个重要的目标上，潜意识就会帮助他们成功。研究表明，神经通路在决策过程中发挥着关键作用。然而，人们在设定目标时，并不知道潜意识也是实现目标的驱动力之一。
- **揭示一系列不健康的消极思维模式。**人们可能只会看看身材健美的人，然后觉得自己不可能做到。或者，人们可能会错误地认为，自己的身体在某种程度上与他人不同，因此身体健康似乎遥不可及。但是，一个真正的、决定把自己的健康放在首位的承诺，往往会帮助人们看到自己在哪些方面做了不恰当的比较，或产生了消极的想法，并激励他们采取行动改善健康。

- **只有将某事列为优先事项，才会分配时间去实现。**如果你认为在跑步机上跑半小时会耽误工作，那你就很难在早上拿出半小时去跑步。在我们的研究中，那些健康状况显著改善的人，都会把健康提升到与其他优先事项同等或更高的位置。

克林特是一家制造公司的高管，一个小甲状腺手术给他敲响了警钟，让他重新把健康放在第一位。由于工作强度很高，加之他还是两个孩子的父亲，这让他把所有的时间都花在了工作和家庭上。挤出时间陪伴家人已经很难了，可想而之，把个人的身体健康放在第一位似乎是不可能的。但甲状腺手术给了他一个全新的视角。

他希望自己能够尽快康复，而且他意识到，在未来的日子里，他不想因为健康状况不佳而失去与家人共处的美好时光。由于多年缺乏运动，他必须从头开始慢慢找回健康的步伐。他从散步开始，尽管刚开始走不了多远，但很快就有了起色，距离逐渐变长。克林特激励自己从点滴开始，逐步拓展自己的健康之旅。这一次，与以往不同，他坚持了下来。

他的人生轨迹与丽贝卡如出一辙。他先是公开了自己的健康目标，告诉家人他想要恢复健康。他还制订了帮助自己坚持下去的日常计划，比如在晨跑之前不看电子邮件。这样，在他专注地履行承诺之前，不会让自己陷入工作的微压力中。随着时间的推移，他对自己有了新的认识，他开始逐渐变成一个精力充沛的人，而不是一个每晚都精疲力竭、倒头就睡的人。这种积极的自我认同，让他愿意投入更多时间来保持健康。从最初的每天早上挣扎着散步，变成了周末和一群"跑友"一起跑 5 公里或 10 公里的比赛。克林特告诉我们："我感觉我变成了更好的自己。"

来自 10% 高绩效精英的建议　THE MICROSTRESS EFFECT

- **全面调整优先事项。**

  在工作、家庭、朋友等生活的各个领域，都要有意识地将健康作为优先事项。如果只在生活的某一领域优先考虑健康，而在其他领域仍然坚持不健康的活动，就很难做出持久的改变。克林特深知这一点，他与妻子一起协调他的慢跑活动，妻子会根据他的目标安排他们的日程，甚至给予温和的鼓励，帮助他开始并坚持下去。他还向同事明确表示，只有在晨跑结束后，他才会登录电子邮箱。

- **寻找榜样。**

  在你的人际关系中寻找那些在健康方面取得显著成就或持续进步的人。注意他们在做什么，以及这对他们的精力和情绪有何影响。一次偶然的机会，克林特遇到了一位热爱跑步的老朋友，正是这位朋友激发了克林特尝试慢跑的念头。此外，我们还有一位受访者，他的经理告诉大家，由于自己早上 7 点开始锻炼身体，因此会有 1 小时失联，这让他深受触动。或者，还可以考虑寻找“反面榜样”来刺激自己。比如，有些人几十年来都过着不健康的生活，而现在正承受着后果。这也可以成为你改变的强大的动力。

- **设定对你真正有意义的目标。**

  不必在意周围人对你的评判，因为这是你的生活，不是他们的。比如，戴维在 40 岁时发现自己在近 10 年来体重猛增，身材走样。一些大学同学调侃说，他的腹肌从当年引以为豪的 6 块变成了 1 块。但他并没有设定恢复 6 块腹肌的目标，因为这很困难，他为自己设定了一个不同的目标。他告诉我们："我希望在夏天去远足时，我能够跟上儿子的步伐。"有了这个明确的目标，戴维开始在周末负重散步，让身体慢慢习惯于负重运动。渐渐地，他的速度和耐力都有了提高。夏天徒步旅行的时候，他终于赶上了 10 岁儿子的步伐，他非常高兴。

分享并让他人看到你的健康目标

许多人会倾向于秘密开展新的健康目标，以免目标未达成而让自己尴尬。你要克服这种心理。因为当家人、朋友或同事知道你正在努力实现一个与健康有关的目标时，他们往往会支持你。有了这份支持，你更有可能做出更多有益于健康的决定。不公开目标则无法获得这种支持。甚至，共同的目标会更有力量，能让你得到他人的情感支持和实际帮助。对于许多 10% 的高绩效精英来说，这些互动和人际关系决定了他们最终会坚持下去，还是逐渐退缩。随着时间的推移，共同目标和周围人的支持会让你逐渐适应那些有助于恢复健康的选择。有时候共同目标会比较宏大，如跑完第一个马拉松。不过大部分时候都是一些小目标，比如一起散步、每周一起练瑜伽，或者有意识地吃得更健康。

把健康目标公开并与周围的人分享，有 3 个主要的好处。

- **获得他人的鼓励和情感支持。**有了别人的支持，人们就更有动力，能够克服困难，去实现目标。
- **更有责任感地去实现目标。**我们的一个受访者希望提高自己的睡眠质量，因此她向伴侣承诺每晚九点之后把手机留在走廊。有时，她想在睡前偷偷发最后一封邮件，伴侣的一个皱眉动作，就能提醒她要信守承诺。
- **会发现其他人也想变得更健康。**这一发现为人们提供了新的、有益健康的机会。比如，他们可以一起锻炼身体，互相督促吃更健康的食物，或者一起参与其他活动，这些都对增强身体健康、加强联系有助益。

43 岁的威廉是一家大型合同服务机构的项目经理，他从来没有时间锻炼，也从来没有在意过自己都在吃些什么。他身处的职场环境充满压力，人们都以周末加班到深夜为荣。威廉努力工作，尽量避免加班，但还是感到每天的微压力逐渐耗尽了他的精力。最终，他也只能选择在晚上和周末加班，因此，经常会取消与朋友的计划，个人的需求更是无法顾及。他发现自己变得暴躁易怒，工作时还会伴随剧烈的头痛，然而这些症状在他休假时就会全部消失。威廉身材瘦削，所以他一直认为自己健康状况良好，也很少去医院，但在一次体检时，他发现自己竟然患有高血压，这让他颇感震惊。

威廉跟几位同事说起他的诊断结果，大家都认为这是工作压力过大带来的影响。于是，他们一起做了一个计划：减压休息。他们不再像以前那样在喝咖啡的休息时间坐在一起谈论工作，而是走出办公楼，享受 15 ～ 20 分钟的户外时光，要么一起散步，要么开车到附近一个有湖的公园，谈论一些工作以外的话题以放松身心。

最初的几次，他们觉得有些不知所措甚至尴尬，一部分原因是他们之前对彼此知之甚少，平日里缺乏工作以外的生活交流。过了一阵子，谈话变得越来越自然，他们彼此之间逐渐发展出深入而真实的联系。这招奏效了！即使是短暂的休息时间，也给他们带来了全新的视角，提高了团队的士气。而且，由于这些活动都是集体性质的，大家也很少缺席。

几周后，大家发现他们想出的解决方案更有创造力了，工作效率也更高了。其他一些同事也注意到了他们这种积极的转变，也想加入减压休息的行列。于是，威廉等人一起给不同组的同事设计了多样化的减压休息活动和午餐选择。

威廉的头痛和睡眠问题消失了，焦虑也减轻了。虽然他仍然有很多微压力要面对，但他觉得自己现在能够更好地分清工作任务的轻重缓急，对女朋友的态度也不那么暴躁了。更令人欣喜的是，即使没有服药，他的血压也开始逐步下降。

如果你把改善或保持身体健康视为一个人的战斗，那么你就很难长久保持动力。相反，如果你能借助与周围人的互动，就可以获得他们的各种支持，进而可以明显提高自己实现重要健康目标的能力。

来自 10% 高绩效精英的建议 THE MICROSTRESS EFFECT

- **目标要透明。**

  虽然失败的可能性会阻碍你与他人分享目标，但如果想要创建一个社群，鼓励大家迈出第一步，并且能够持续地追求健康的生活方式，你就必须对目标持开放态度。分享目标不必非得那么正式，也可以在谈话中自然地提及，不过，随意地分享目标可能很难实现，因为你需要来自他人的支持。如果你觉得从小圈子开始比较容易，那就这样做。有一个人把日历挂在办公室的墙上，不动声色地让别人知道她的目标。她在锻炼的日子打上绿钩，不锻炼的日子打上红叉。她不确定是否有人注意到，但只要以这种方式公开自己的进展，就能极大地激励自己。还有一个人设定了一个适度的减肥目标，并告诉伴侣他会在每个月底报告他的进展。由于每个月都有这样的谈话，他就更能坚持，直到取得成功。

- **向家人寻求帮助。**

  家人的关爱提供了一种特别强大的动力。有一个人把他的减肥目标分享给了家人，同时还告诉他们，自己已经开始改善对减肥不利的习惯，比如在看电视时吃零食。虽然家人只是在他违背承诺时（比如端着一碗薯片来看电视）揶揄他两句，但他们的反应足以提醒他坚持下去。此外，家人还可以调整自己的时间安排来支持你，比如承担起清晨照顾孩子的责任，以轮流去健身房的形式来督促你坚持下去，或者在下班回家的路上买点新鲜的食材。

- **创建团体活动。**

  如果由几个人或很多人共同宣布他们的健康目标，会更有力量。团队的凝聚力和奉献精神可以立即创建一个兼具支持性和责任感的人际关系。威廉的减压休息之所以成功，就是因为有了集体目标。我们的一个受访者把骑行的目标转变为与朋友一起进行的集体活动，尽管他们中的许多人已经多年没有骑过自行车了。随着团队的壮大，他们在镇上骑车的频率越来越高。有些人甚至买了专业自行车，在潮湿的天气里也坚持训练。久而久之，这群人周末骑行的时间越来越长。

围绕健康目标建立黏性

承诺并开展改善健康的行为已经够难了，要坚持下去更是难上加难。再次强调，坚持到底的动力并不仅仅来自个人的意志力，它更多地来自你的人际关系，那些让你负起责任的队友，让你按时锻炼的家人，为你的成功喝彩的同事，以及愿意调整自己的行为来支持你的真正的朋友。他们构成了一个支持网络，防止你退缩不前，并为你提供持续的动力和支持。

围绕身体健康目标建立黏性可以在3个方面提供助益。

- **每天的小决定不再只是你自己的决定。**坚持意味着当你的动力减退时，身边会有人支持和鼓励你。这个好处不仅是有个人来提醒你，让你不要缺席瑜伽课，而是在瑜伽课上有一个你希望见到的人，因为一起做瑜伽这件事已经成为你建立友谊的重要因素。你们一起笑着完成还没完全掌握的姿势，以及在课前和课后的交流，都让你对上瑜伽课有了更好的感觉。你的决定会影响他人，你不想让他们失望。

- **身边的人会提醒你身体健康给你带来的美好感受。**一个积极的榜样可以有力地提醒你，为什么为了达成你的健康目标值得付出努力，他会提醒你放纵成就不了最好的自己，而精力充沛的感觉是如此美妙。
- **坚持会赋予你一种对他人的责任感。**有些事情，如果单纯是为了自己，你可能提不起兴致，但如果是为了身边的人，你会更有动力去完成。而人与人之间坚韧的纽带会激励你坚持打卡并不断向前，即使那很有挑战。

不可否认，我们发现一个人能否坚持下去，很大程度上依赖于那些愿意改变他们自己的行为来提供支持的人。他们形成了一个支持网络，防止你停滞不前，并激发你始终保持热情并持续投入。

詹姆斯把每周和朋友打篮球的约定作为一项首要的日程安排，他知道如果自己说“那个……我这周感觉有点儿累”，可能就会遭到队友的“白眼”。他们会说：“我们都很累！但你还是可以出来的，别像个孩子一样。”同样，当队友想松懈时，他也会这样说。斯塔茜从久坐不动转变为坚持去跑马拉松，她描述了当一个人与其他人一起经历艰苦训练时所形成的责任感：“你不能因为一点小事就轻言放弃。同伴的压力会变成我的动力，因为我们在一起经历挑战和成长。”

家人往往比你自己看得更清楚，他们可以帮助你认识到身体健康不仅能让你感觉更好，还能让你更好地履行家庭成员、经济支柱和朋友的角色。詹姆斯回忆说，他的妻子会告诉他：“当你的身材走样时，脾气也会变得暴躁。”还有一位受访者说丈夫会提醒自己，如果不能每天锻炼，她的幽默感、专注力，以及一整天的精力都会打折扣。这些提醒给她增添了目标感，帮助她克服前进道路上不可避免的障碍。

来自 10% 高绩效精英的建议 THE MICROSTRESS EFFECT

- **设定一个不容商量的时间段。**

  为生活中的活动或重要事项设定明确的时间安排，这样即使当工作或家庭强烈需要你妥协时，你也能信守承诺。詹姆斯就是这样做的，他要求助手协助他保持每周都能参加篮球活动这一目标。他对助手说："无论需要我飞往何处出差，你都要确保我能在周四晚上回家，这样我就可以打篮球了。"在每周的那几小时里，他可以把工作压力抛在脑后，尽情享受朋友的陪伴和竞技的激情。随着压力的逐渐减轻以及更加可控，他的睡眠也得到了改善。詹姆斯发现自己能够更轻松地应对日常的微压力。他告诉我们："我会冷静地倾听新出现的情况，然后提出处理办法，人们通常都会点头照办，很多纷争和内讧似乎都消失了。我觉得我现在显得更有权威了，这有助于人们团结在我的周围并支持我的想法。"

- **通过与他人建立关系，用新的眼光看待自己。**

  对于那些能够坚持实施健康目标的人来说，他们有一个微妙的特点，就是更为关注目标的积极方面，而不仅是克服困难。他们的社交网络不仅能促进他们实现具体的目标，比如减肥，还会帮助他们感受到新的自我认同感，看到自己正在发生的积极变化，并逐渐塑造出一个更好的自己。以肖恩为例，他向我们讲述了这样一个故事：有一年冬天，他们社区的一群爸爸在其中一家的后院建了一个溜冰场，于是，这个原本松散的群体成为一个很好的倾听小组，帮助他们缓解各种微压力，比如适应新老板、节日期间的家庭矛盾、闷闷不乐的孩子等。他们一边建造溜冰场，一边轻松地聊天，有时也会互相调侃，总之总能找到互相提供支持的方式。通过共同建造溜冰场、在夏天搭建排球网和组织社区比赛，这群邻居逐渐建立了深厚的感情。

从表面上看，他们除了住在同一个社区，几乎没有共同点，但通过协手建造溜冰场，以及经常和一群孩子一起在溜冰场上玩耍，他们紧密地联系在了一起。他们成了另一种形式的好朋友，这是他们孩提时代之后未曾有过的体验。肖恩略显局促的房子已经不适合日渐壮大的家庭了，他们本可以搬到几公里外一个高端社区的大房子里。但他无法想象，失去与邻里爸爸相聚机会的生活会是什么样子，因此他没有搬家，而是选择了一个更具挑战、更昂贵的解决方案，他另外建了房子来满足日益壮大的家庭的需要。他告诉我们："每周和这些人见面，让我能够以更积极的心态看待自己的问题。"因为他们的共同活动总是围绕着体育活动展开，所以每个人都自视为体育团体的一员，都想跟上团体活动。但是，活动的意义绝不仅是滑冰或打排球，而是与那些有着同样热情或目标的人建立真实的关系。

- **让最亲近的人参与健康活动。**

  人们常常把锻炼和与家人、朋友相处的时间对立起来，认为鱼和熊掌不可兼得。其实事实并非如此，两者完全可以结合起来。一位受访者和她孩子幼儿园同学的几位家长一起组织散步活动。他们都是全职工作，所以很难参加学校组织的许多活动。通过这种方式，他们将体育活动与增进彼此了解结合起来。她告诉我们："这是个完美的解决方案，因为它能让我们有时间与朋友在一起，这是我生活中的优先事项之一。还有与家人在一起，也是一个重点。"

学会管理微压力 THE MICROSTRESS EFFECT

管理消极因素

通常，无意中制造压力或助长不良健康行为的恰恰是人们最亲近的人：朋友、子女或伴侣。比如，婚姻是人们最主要的支持来源之一，但对许多人来说，它也是微压力的一个触发器。而那些生活方式不健康的朋友往往会把我们卷入其中，导致饮酒过度、肥胖或营养不良。研究表明，如果人们交往的人体重超重，他们自己也更容易变得肥胖。

人际交往中的不健康行为和我们自己的意志，都是导致我们不健康的主要原因。我们陷入一种自然而然的习惯中，认为这仅仅是“大家一起做的事情”。战胜这些负面影响的挑战在于，我们无法轻易地将这些影响者从生活中赶走，因为你爱他们，需要他们，或者每天都要与他们共事。那该怎么办呢？你可以改变这些关系中的行为。试试下面这些做法。

- **将你们的互动转移到积极的环境中。**多花时间和能产生积极影响的人在一起，比如一起散步，少花时间在有消极影响的环境中，比如餐厅和酒吧。如果你们的关系围绕着不健康的行为，这种改变可能会很困难。你可能需要运用一些创造力来找到更健康的替代方式。一位受访者觉得他跟一群朋友周六早上在甜品屋聚餐的习惯由来已久，很难改变。但在坦诚地分享了他为减肥所做的努力后，大家都同意把聚餐改为在门廊上喝咖啡。几个月后，有几个朋友表示他们很感激这个提议，因为新方式也有益于他们的健康。
- **要求其他人也调整自己的行为。**如果你周围的人都没有坚持营养饮食的习惯，那么你也很难坚持下去。如果其他人不改变与你互动的方式，你也很难在生活中开始健康的行为。一位受访者要求伴侣先去晨练再去上班。另一位住在市区的受访者，在地图上绕着他家的公寓画了一个半径1.6 公里的圆圈，并要求家人，只要是圆圈里的地方，都要坚持步行，不能让他开车接送。渐渐地，这个“步行圈”越来越大，不仅他的家人养成了步行的习惯，而且这位受访者也更容易实现自己的步行目标。
- **融入更健康的人际关系。**多花点时间和那些与你的健康目标更接近的人或团体在一起。比如，一位受访者告诉我们："我和一个朋友出去时总是喝太多酒，因为我们一旦开始就很难停下来。于是，我邀请了另一个朋友加入，因为他一般喝完两杯酒之后就会提议结束聚会，这样我也可以顺势离开，让自己更容易做出正确的选择。"或者，如果你现有的朋友圈并不热衷于运动，就找那些对运动更感兴趣的朋友一起来带动大家。如果努力仍然未果，你也可以考虑为他们寻找新的活动场所，以创造更利于健康行为的环境。

强化自我认同和社交利益，支持长期目标达成

自我认同是锁定健康行为的关键。10% 的高绩效精英善于坚持积极的、利于身体健康的行为，因为随着时间的推移，他们的人际关系和共同的目标帮助他们改变了对自己的定位：跑步者、自行车手、素食主义者、正念大师，或者因为冥想而保持内心平静的智者。当一种行为成为人们身份的一部分，并且被嵌入与他人的真实关系中，人们就不再把这种行为视为一项烦琐的、保持健康的任务。事实上，有些人的自我认同与跟他人一起进行冥想或瑜伽等练习息息相关，甚至如果不能每天参加这些活动，心里会感觉不踏实。这种认同感直接帮助人们抵御了生活中其他方面的微压力。人们不允许自己完全被工作所定义，因为生活中还有其他部分，比如促进身心健康的活动、与重要的人一起参与的活动，生活远不止于此。由于 10% 的高绩效精英不允许自己的精力和注意力完全被工作主导，所以每天的微压力都不会给他们造成很大的影响。这种清晰的自我定位使他们有勇气推掉工作，腾出时间进行有益健康的活动，同时他们也更期待参加

活动和建立人际关系，形成一个强化循环，这比单纯为了减肥等目标而努力要更具可持续性。其奥妙在于创造这种积极的吸引力和对健康的渴望，而不仅是消除饮酒或肥胖等消极因素带来的社会压力。

另外还有至少两个原因，即自我认同和社交利益可以长期支持健康目标，并将微压力的负面影响降至最低。

- **长期的支持性人际关系对生理机能有益。**在一项研究中，研究人员给参与者注射了普通感冒病毒，发现那些拥有紧密人际关系的人对病毒的抵抗力更强。高质量的人际交往对我们的免疫系统、内分泌系统和心血管功能有益，而低质量的人际交往则与炎症和免疫反应受损密切相关。
- **活动帮助人们与不同的人建立联系。**由于人们天生倾向于与同类人交往，因此较难去质疑自己的人生目标、改变对逆境的看法，或者对所拥有的一切持积极态度。与有共同爱好的人进行互动，比如采取素食生活方式、跳摇摆舞或游泳，可以帮助人们与来自不同背景的人建立联系。这些互动还能让人们以新的视角看待生活。问自己一个问题：最近一次与一个从完全不同的角度看问题的人，针对某一问题进行交流，是什么时候？

通过工作中的体育活动与他人建立联系也有助于拓宽人际关系。苏普里亚是一名工程总监，每周都利用午餐时间参加一次职场训练营的体育活动。她认为，在工作中参加体育活动的人往往拥有更为丰富和多元的人际关系："他们拥有不同的人际关系网络，这些是你在日常工作中难以触及的。"另外一些受访者则认为，在工作场所之外参加体育活动，可以结识一些通常不会进入自己社交圈的人。

来自 10% 高绩效精英的建议 THE MICRCSTRESS EFFECT

- **寻找志同道合的人。**

  不妨以你的健康目标为桥梁，与那些和你有共同爱好，但平时可能少有交流的人建立联系。乔吉特是一位努力工作的技术主管，在高压岗位上工作了 20 年后，她转型为独立贡献者，不再承担管理责任，不带团队。这一转变给她带来了深刻的身份危机。她回忆说："我都不知道自己是谁了，真是太奇怪了。我曾经是非常强势的 A 型人格。我整天都在工作，总是觉得自己必须做得更多，走得更远，甚至想拯救世界。"乔吉特参加了瑜伽活动，认识了一群相互支持而非相互竞争的女性。"在这样一个环境中，我们不仅可以接受不完美，还能看到失败中的美好，这让我们感到非常自由。多亏了瑜伽，我现在内心更加平和了，也学会了说'我不能'或'我不会'。我可以接受自己的不完美和局限。"随着时间的推移，乔吉特收获的这些感悟深刻地融入了她的自我认同感中。

- **与他人坦诚相待。**

  与观点不同的人保持坦诚相待，可以让人们对工作或人际关系中的挑战产生新的看法，也可以帮助人们看到生活中那些容易被忽视的积极因素。我们经常听到受访者描述他们是如何通过共同克服弱点建立起新的关系、深厚的友谊和相互之间的信任的，比如为了一场比赛进行艰苦的训练，或者在减肥会上坦白自己的弱点。安娜是一名高管，她与一群同事一起参加了百公里的慈善徒步训练。她说，小组的人大多是新来的，彼此不太了解。但是等到他们一起艰难地走过了一公里又一公里后，气氛发生了变化。她回忆说："你可以看到人们在自己的艰难时刻会沉默下来，这时候需要其他人拉他们一把。"他们了解了自己，了解了彼此，也了解了如何应对压力，直到今天，小组成员之间的关系依然很亲密。

- **为人际关系创造空间。**

  在健康活动之外，要努力与他人交往。在活动或锻炼前后，人们往往会忽略交谈的机会，从而错失良机。花点时间与人交谈，可以从两个层面展开。首先，谈谈你喜欢或不喜欢这个活动的哪个部分。其次，谈谈你们生活中的其他话题。这种逐步扩大话题的方式是许多受访者常用的策略，随着时间的推移，他们逐渐建立起深厚的友谊。比如，作为一名职场新手妈妈，安娜一直没有机会与所在社区的其他妈妈建立联系。但她发现徒步小组里恰好有几位母亲，她开始在训练前后与她们建立联系，讨论职业母亲的挑战和乐趣。她也开始对自己的工作更有信心，因为她知道有几位同事都很支持她，希望她能早日回归工作中去。

开启你的身体健康之旅

以下是关于如何开启你的身体健康之旅并坚持下去的方法。首先，确定一个你想优先达成的健康目标，这个目标对你来说至关重要，比如重新开始跑步、去健身房锻炼或减掉两千克的体重。然后，在众多的健康建议里，寻找那些既具有可见性又能促进关系紧密的内容，挑选出最适合你和你的目标的建议。思考一下新计划将如何影响你的自我认同，以及可能给你带来的额外的社交利益。

与积极行动同样重要的是，你还从生活中剔除了什么。10% 的高绩效精英在身体健康方面取得了成功，部分原因是他们能够有效地管理消极互动，尤其是跟那些制造压力或助长不健康行为的人保持距离，因为这些互动可能会让他们偏离健康的轨道。你可以参考“我的首要健康目标计划”来制订一份详细的行动计划。

我的首要健康目标计划

追求的目标	步骤	举例	你计划做什么，和谁一起做
优先事项	把身体健康放在首位：选择一个对你来说很重要的身体健康目标	每周去 3 次健身房，提高速度，降低胆固醇，减重两千克	
可见性	创造可见性：你会和谁分享目标？	与爱人或家人讨论，与同事一起报名参加活动，在论坛上发帖	

关系的紧密性	**建立支持性结构**：是否有办法安排好日程，或从现有的团队活动或俱乐部活动中受益？如何留出固定的时间来支持目标？谁能够促进你诚实地对待自己的目标？	安排每周两次的教练课程，跟着健身平台进行单车训练。周四晚上和朋友一起打篮球，周末早上和朋友一起散步	
	建立责任感：能否加入一个团体或俱乐部，或与他人一起参加一个项目？这一集体形式的活动将有助于让你感到自己有责任出现并支持其他人。你可以做哪些小决定来加深与他人的联系？	和同事一起报名参加比赛，加入骑行俱乐部，和朋友一起开始减肥计划，动感单车课后不要匆匆回家，和朋友一起去喝杯咖啡	
	一举两得：如何让最亲近的人也参与你的健康活动？	和朋友一起去徒步，加入亲子足球队，和伴侣一起去健身房	
	管理消极互动：是否有人在错误的方向上影响你？如果有，你该如何处理这些关系	调整人际关系，这样你就可以花更多时间与那些能帮助你实现目标的人在一起，而不是让一些消极互动使你分心	
自我认同和社交利益	**反思**：你觉得这些变化会如何影响你的自我意识？它们能否扩大你的人际关系，使你的个人生活或职业发展受益？能否帮助你建立更深厚、更真实的人际关系？能否给你带来新的视角？	通过参加公司训练营或一起参加公司的挑战赛，与更多同事建立联系	

在我们的研究中，大多数人都承认，随着年龄的增长，身体健康在他们的优先级列表中的排序越来越低，因为时间越来越不够用。但 10% 的

高绩效精英不这么认为。对他们来说，通过与他人互动来保持身体健康是他们自我认同的一部分。如果没有保持健康行为，他们会感觉很糟糕。

没有人会一下子放弃自己的身体健康。然而，随着时间的流逝，人们的时间、精力和情绪资源都被各种微压力消耗殆尽，于是他们一点一点地放弃了健康。而通过与他人建立联系来促进将身体健康放在首位，实则是一种有效解除微压力的途径，这本身就能提高生活质量。并且，拥有一个强大的支持网络所带来的好处其实远远不止获得身体健康。正如下一章将要讨论的，人们生活中的联系可以帮助他们获得更强大的东西。在人与人之间的联系中，人们可以找到意义。

化解微压力 Tips

10% 的高绩效精英会将保持活力和身体健康的活动与他们的人际关系紧密地交织在一起。

- 保持积极的社交互动。
- 把身体健康放在首位。
- 分享并让他人看到你的健康目标。
- 围绕健康目标建立黏性。
- 强化自我认同和社交利益，支持长期目标达成。

THE MICROSTRESS EFFECT

THE MICROSTRESS EFFECT

第 8 章

方法三，为生活增添意义

生活的意义感会带来更好的睡眠和更强的适应力，意义感强的人活得更久。

由于出差被临时取消，马尔科难得有了一天休息时间。因为他早前为了这次出差清空了日程表，所以也没有一定要去办公室的理由。大多数时候，孩子还没起床，他就已经早早出门了。这一天，他在厨房里溜达，希望能在孩子匆忙准备上学的间隙和他聊聊天。但孩子基本上都还沉浸在自己的世界里，不怎么搭理他。妻子在开车上班前跟他聊的也仅是一大堆家务事。他该如何度过这宝贵的一天呢？如果是10年前，他可能会找朋友打一场网球，但自从膝盖受伤后，他就不再打网球了。“好悲哀啊，”他想，“天气这么好，我却无事可做，也想不出可以给谁打电话聊聊天。”他甚至想过要不还是去办公室上班吧。

在空荡荡的房子里晃荡时，让他突然意识到，随着岁月的流逝，他逐渐忽略了工作以外的生活，那些曾经给他带来快乐的事情，都因为工作太忙而被他远远地抛在身后。马尔科告诉我们：“随着时间的推移，我们会自然而然地对很多事放任自流，就像是一个螺旋。年轻的时候，你在工作和事业上投入了大量的精力，努力向上爬。然后你有了孩子，这当然是好事，但你会发现，在孩子和工作之外，你没有太多时间做自己的事情。”随着岁月的流逝，他逐渐放弃了生活中那些让他感到快乐的外部活动。他的日子变成了微压力的障碍赛。他还得做很多事，包括照顾年迈的父母，父母坚持要住在自己的家里，即使他们已经没有能力独自完成房屋的修缮；工作上他还得小心翼翼地察言观色，他的部门两年内已经换了三位销售经理了。他根本没有时间和精力去做其他事情，只能在微压力下艰难度日，安于现状。当然，这跟有着强烈的人生目标和意义感是完全不同的感觉。

在我们的研究中，像马尔科这样的故事比比皆是。那些在公司里埋头往上爬的人，有一天一觉醒来，发现自己已经离曾经向往的生活很远了。他们通常会回忆起自己“迈得太大的那一步”，那是一个关键的拐点：更多的房贷，更长的通勤时间，更多的出差才能获得的升职，这些在不知不觉中改变了他们生活的主旋律，个人生活被工作塞满，有些东西不见了。“我已经不是大学时的我了，”有人感叹，“我早已失去了激情。”

你很少思考意义感，也许是因为它转瞬即逝，也许是因为你忙得没时间去思考。但这样是不行的，意义感，无论听起来多么抽象，都对你在微压力下的生存能力起着至关重要的作用。

微压力研究 THE MICROSTRESS EFFECT

英国研究人员安德鲁·斯特普托（Andrew Steptoe）和黛西·范库特（Daisy Fancourt）研究了意义感与整体幸福感之间的联系，他们提出，随着年龄的增长，意义感会变得越来越重要：“当社会关系和情感纽带支离破碎，社会参与度降低，健康问题限制了许多选择时，那种依然认为生活值得好好过的信念，可能对老年人尤为重要。”如果所做的事情中具有强烈的潜在意义感，人们就更有可能以一种更加积极的方式去重塑微压力。意义感越强烈的人调节负面情绪的能力也越强，他们更不容易被恐惧或焦虑所影响，在逆境中更容易振作起来，并继续前进。

找到并了解你的意义感所带来的好处，它远远不只是让你每天早上有一个起床的理由。研究还表明，意义感能够显著降低人们死于突发心脏病或脑卒中的风险。生活的意义感还会带来更好的睡眠和更强的适应力，甚至有证据表明，意义感强的人活得更久。

神经科学也揭示了意义感是如何影响人类大脑功能的。

微压力研究 THE MICROSTRESS EFFECT

在一项研究中，强烈的意义感与杏仁核（大脑中与恐惧和焦虑有关的部分）反应减慢和前扣带回皮质（包含注意力分配、决策和冲动控制等高级功能）的激活有关。这表示意义感能抑制恐惧反应，让人们更理性地思考，更好地应对压力。另一项研究发现，在记忆力、执行力和整体认知能力测试中，意义感更强的人得分更高。这意味着意义感有助于抵御微压力，还能让你的思维更加清晰。

在采访中，我们亲眼见证了意义感对神经和生理的显著影响。比如，受访者中那些有明确意义感的人对微压力的感受会与他人不同。与那些生活几乎全部被工作主导或被琐事缠身的人相比，他们似乎能在生活中做出更明智的取舍，就像此前提到的 10% 的高绩效精英马修，他放弃了 50 万美元收入的工作，因为他很清楚，想得到这一收入就得举家搬迁。渐渐地，这些积极的取舍累积起来，人们的健康和福祉就会有巨大改善。

当然，即使人们明白意义感对幸福至关重要，但找到它并不容易。太多人忙于应付每天的生活琐事，根本没时间去“奢侈”地寻找和专注于一个有价值的意义。

但是请相信，即便你觉得自己与马修相去甚远，可能更像马尔科，发现自己除了工作一无所有，我们也可以给你带来希望。不一定非要通过巨大的人生转变或非凡的经历，你也可以找到自己的意义。事实上，我们采访过的最幸福的人都擅长在你可能认为最平凡的活动中找到意义。

通过人际关系生成意义感

通过人际关系生成意义感有 3 个具体好处。首先，在困境中，它为人们提供了坚守与奋斗的动力。其次，虽然微压力会让人们情绪化，但意义感会让人们回归理性。神经科学研究表明，意义感会减缓来自大脑恐惧中心的反应，并激活有助于决策和冲动控制的高级功能。最后，意义感让人们更能承受微压力，它能提醒人们为什么在困难时期坚持下去是值得的。

在本章中，我们将讨论你现在就可以采取的创造意义感的实际步骤。我们总结了 5 种创造意义的途径，无须彻底改变你的生活，只需要有意识地将它们融入工作场所、家庭或社区的日常关系，你就可以找到意义感。

把握机会帮助他人

帮助别人，哪怕是一个微不足道的举动，也会让人产生一种强烈的意义感。不仅是因为人们所接受的教育如此，实际上，帮助他人能让人产生意义感这一观点是有科学依据的，它来源于研究人员经常做的对“幸福的”（eudaemonic）和“享乐的”（hedonic）活动的区分。幸福的活动是向外的，包括为他人奉献。这个词来源于亚里士多德所描述的“追求美德、卓越和我们内心最美好的东西”。相比之下，享乐的活动关注的则是内在的、一时的满足。比如，购买最新款的手机、奢侈地享用一顿美食都可能是享乐的活动。这些活动本身不是坏事，但是，当生活完全被享乐主义所支配时，你就会开始做出一些从长远来看不会让你幸福的选择。

新兴的神经科学研究表明，超越享乐主义的活动，比如帮助他人，会随着时间的推移带来更大的幸福感。

微压力研究

THE MICROSTRESS EFFECT

在一项研究中，研究人员使用功能性磁共振成像扫描技术来观察有抑郁症状的受试者在想到给钱或收钱时大脑的奖励系统，即腹侧纹状体的神经活动。有些人听到关于给钱的问题时，大脑的奖励活动被激活。例如，如果你要给钱，你会给谁，为什么？而另一些人则是听到关于收钱的问题时，大脑的奖励活动才被激活。例如，如果你得到了钱，你会把钱花在什么地方，为什么？但是随着时间的推移，一个有趣的现象出现了。一年后，研究人员测量各组受试者的抑郁症状，发现因为给钱而激活大脑奖励活动的受试者，抑郁症状有所减轻，而因为收钱而激活大脑奖励活动的受试者，抑郁症状则有所加重。

相比之下，享乐的活动就只会继续催生享乐的活动。得到更多的物质财富会让人们想要继续得到更多的物质财富，这种反馈循环被研究人员称为“享乐主义跑步机”。然而，人们从享乐的活动中获得的好处很快就会消失，原因有两个：首先，不断上升的欲望意味着人们很快就会习惯新衣服、新汽车、新房子、新手机、新电脑等，并寻求获得下一件物品的快感；其次，社会上的攀比使得人们不断关注别人有什么，自己又渴望什么，可能是大房子、令人向往的假期或者大型公司的面试机会。

享乐主义跑步机不仅受到物质的推动，也受到社会对人们的期望的推动。尽管成为完美的家庭支柱、完美的父母等这些愿望是出于好意，但这些目标把人们推上了同样的跑步机，类似于第 4 章讨论的挑战自我认同的微压力。削弱能力的微压力几乎总是在为人们的失败埋下伏笔，因为人们往往过于关注自己的不足，从而让自己陷入自责和失败的漩涡中。人们每天的工作时间是有限的，即使是单一的微压力，也会引起数小时的连锁反应，让人们无暇顾及自己当下做的事情，却为自己做不到的事情而自责。人们把标准定得越来越高，做不到时就责怪自己，这种微压力的循环让人精疲力竭。

10% 的高绩效精英都拥有优越的物质条件，毕竟，他们都是所在组织的佼佼者，并且得到了相应的奖励。即便如此，物质财富并不是他们自我认同的重点。相反，他们的意义感与金钱、社会期望或其他东西是分开的，这有助于他们超越享乐主义生活方式所带来的压力。

在我们的研究中，当领导者热情洋溢地谈及为什么他们在工作中会有意义感时，往往跟他们在指导他人方面所发挥的作用有关。比如，一次与一位新员工的谈话，帮助金融服务公司的高级员工纳塔利娅在工作中找到了新的意义感。作为入职流程的一部分，人力资源部偶尔会请像纳塔利娅这样的高级员工，跟新员工以喝咖啡的形式进行一次简短的交流，以帮助新员工快速熟悉公司。纳塔利娅有一套标准的聊天程序：先介绍自己的职业发展历程，讨论公司任人唯贤的文化，然后问新员工一些有关个人背景的不痛不痒的问题。她很享受这种聊天，但她一直认为这是一种公关表演：把自己塑造成一个更平易近人的领导者，从而与人力资源团队搞好关系，因为她时不时地需要人力资源团队帮她应对人事方面的挑战。

然而，在与一位名叫珍妮的新员工聊天时，纳塔利娅发现，和分享自己的职业历程相比，她对珍妮的故事更感兴趣。珍妮告诉纳塔利娅，虽然她已经三十出头，但最近才大学毕业。因为她很早就当了妈妈，而且很晚才找到自己的职业道路。如今，作为一名单亲妈妈，她很珍惜加入公司这一机会，但她很担心无法在工作与家庭之间找到平衡。她对纳塔利娅说："我很诚恳地希望你能给我一些建议。"

纳塔利娅认为她可以真正改变珍妮的职业生涯。"我很愿意定期举行这样的咖啡聊天会，"纳塔利娅问珍妮，"如果我组织一些人进行一个比较随意的咖啡聊天会，你觉得对你会有帮助吗？我想，作为一个团体，我们可能有很多东西可以分享。"珍妮抓住了这个机会，和她心目中的榜样纳塔利娅建立了真正的联系。与此同时，纳塔利娅也看到了一个与初级员工建立更有意义的联系的方式，而不仅是主持入职会议或定期绩效审查。

她感慨道："我突然以一种全新的视角看待我多年来辛苦积累的经验。我从来没有真正得到过导师的帮助，因此我知道它有多么宝贵。"与一些资历较浅的员工建立如此密切的联系，让纳塔利娅也有机会学习新事物。比如，新人对工作有不同的看法，他们往往会使用不同的技术工具，采用不同的合作方式。

助人可以有多种形式。你可以肯定别人的贡献，询问他们的近况，给予共情，传递一张爱心小纸条，或者分享一篇文章。即使对于那些认为自己可能没什么能帮助别人的年轻人来说，请求别人指导自己这一简单的行为，也会给对方带来尊重和敬意。在整个研究过程中，我们发现人们未能领略助人的巨大好处，常常是因为没有创造性地思考，或没有从更宽广的角度思考自己能够给予什么。

来自 10% 高绩效精英的建议 THE MICROSTRESS EFFECT

- **抓住身边的机会帮助别人。**

  许多人都能回想起自己曾伸出援手的时刻，比如，在停车场拎起他人沉重的购物袋，在游乐园停下脚步帮助迷路的孩子找到父母，或者做邻居某项合同的见证人，以帮助他尽早提交文件。在小事上伸出援手，既是帮助别人也是帮助自己。这与人们无意中给别人造成微压力，继而引发自身微压力的循环刚好相反。帮助别人消除微压力的同时，人们也增强了自己的抗压能力。一位受访者在当地的一家药店遇到一位正在排队预约新冠疫苗的老先生，预约流程让老人感到十分困惑。她走出队伍，花了几分钟时间帮他完成预约。这完全改变了她看待当天工作中无数微压力的视角。“这只是一个小小的举动，”她说，“但给了我很大的鼓舞。”

- **找到意义感倍增器。**

  10% 的高绩效精英会在忙碌的生活中抽出时间，去寻找那些能够带来双重意义感的体验，去选择一项能以多种方式激发意义感的活动。艾丽西亚在孩子学校的图书馆做志愿者时，她知道自己在为他人提供帮助的同时，也在为更高的目标服务。她可以在学校看到自己的孩子，同时也展示了社区服务和教育的重要性。此外，她还与其他志愿者家长建立了友谊。在艾丽西亚看来，“不管怎样，这些人都是我喜欢交往的人”。她通过一次活动实现了 3 个有意义的目标：志愿服务、家庭价值观和友谊。

- **在微时刻找到意义。**

  一位高管告诉我们，她每周都参加合唱团的训练，部分原因是合唱团同音部的一位成员，这位成员说自己要依靠她卓越的视唱能力来学习一首新歌。这位成员在排练时特意坐在离她很近的地方，以便能更快地学会新歌。即使我们时常遭受微压力的威胁，但是如果看到自己提供的帮助能给他人带来更多的好处，哪怕仅仅是一个瞬间，也能给我们提供继续前进的动力。发现并赞美他人的努力，这个简单的行为也可以让你在微时刻找到意义。因为你成了能看到别人的人，你肯定了他们的努力。在工作中，不要只关注下一个大问题或目标，而忽略了那些默默付出的努力和贡献。知名咨询、经纪和解决方案公司韦莱韬悦（Towers Watson）在全球范围内开展的一项研究发现，提高员工敬业度的最高驱动因素是管理者对员工福祉的真正关注。除此之外，成为一个善于发现和欣赏同事闪光点的人，也会让你感觉良好。这些“发现”和“欣赏”其实都很简单，比如感谢同事加班完成报告，或者感谢同事在你向经理展示 PPT 之前主动给你提供反馈意见。

识别并处理意义杀手的警示信号

寻找一些警示信号，它们表明你与他人的互动是在制造微压力，而不是创建意义感。其中包括：

- **你看不到自己的工作会带来什么改变，你的工作缺少了“为什么”。**如果你觉得自己没有做出什么贡献，不妨多与他人接触，去努力获得新的视角。比如，一位销售代表可能会在客户那里听到自己为公司创造了可观的价值，然后对自己的工作有了新的认识；你的伴侣可能会重新审视你在工作中遇到的挑战，更全面地肯定你的积极贡献。与同事、客户或亲近的人交流时，你可能会惊讶于他们在你的工作中看到了多么大的价值。
- **公司的价值观与你的不符。**也许管理层嘴上说着远大的目标，行动上却一点都体现不出来。如果你感到了这种言行不一，不要试图扭转整个局面。你不可能凭一己之力改变公司文化，而且现实可能也不允许你辞职去另一家价值观与你匹配的公司。要知道公司文化通常存在于微观环境中，而且不同群体之间存在差异。要找到那些与你有相同价值观的同事，你可以参加一些项目，从而认识团队以外的人，或者参加一些吸引不同员工的课程。还有一些受访者采取的方法是在工作之外参加志愿者活动，以平衡工作。
- **你觉得工作之外没有人了解你，也没有人关心你。**如果你觉得自己不被重视，或者认为周围的人也不被重视，那就敞开心扉吧。即使你对把个人生活带到工作中这种做法持保留意见，或者你是一个内向的人，你也可以找到安全的方法来展示你的风采。比如，一位经理每次都会以播放两首歌的方式开始团队会议，一首是年轻人喜欢的，一首是年长的人喜欢的。于是大家从谈论歌曲开始，逐渐会更多地分享关于自己的信息。

- **缺乏信任，或者你觉得无法做真实的自己。**信任不全是自然而然地产生的。如果你认为信任消失了，可以用一些系统的方法重建信任。我们的研究识别出了 10 种可以建立信任的行为。其中包括确保言行一致、明确自己的知识范围、传授知识给别人、谨慎行事。以小组为单位分享这些能够建立信任的行为，是在创建你意义感的互动中建立信任的第一步。

追求对你有意义的人生角色和目标

人们常常让自己陷入无法实现的角色目标，它们是基于外界对成功或快乐的看法所定义的。在我们的研究中，那些在日常生活中找到意义的人则是定义了对自己最重要的角色，然后以支持这些角色为核心构建与他人的互动。同样重要的是，他们还有意识地远离那些会产生微压力的互动，以及无法以他们期待的方式来展示自己工作和生活的互动。

伊夫琳把一生都奉献给了跑步这项运动，她认为自己就是社会定义中的“精英运动员”。几十年来，她一直以个人最好成绩来衡量成功。她跟别人分享这份喜悦，然而，可分享的群体变得越来越小，最后只有一群与她朝夕相处的竞技选手。由于她的职业要求很高，要想在比赛中取得好成绩，几乎总是要在凌晨时分就开始训练，她常年独自一人，持续地在体力上挑战自己，但她却没有了在大学生活中与队友共同欢笑的时光，以及她非常珍视的共鸣。如果某一年没有创下个人纪录，她就会责怪自己动力不足或训练不够。

最终，她意识到个人纪录对她来说没有太大的意义。个人纪录更多地是满足别人的某种期待。无论是高中还是大学，她喜欢跑步的原因之一就是可以加入一个团队，这才是她觉得有意义的事情。意识到这一点后，她开始和女儿、女儿的闺蜜、女儿闺蜜的妈妈一起跑步。刚开始，她们都跟不上伊夫琳，于是，伊夫琳调整了自己的速度和距离来适应她们。

于是，4 人小组逐渐发展成为一个所有女性都可以加入的女性跑步小组。跑步让伊夫琳与她在意的人建立了有意义感的联系。能够指导大家取得进步让她感到很快乐，这么多人一起做着共同热爱的事情，也让她很快乐。有了这样的转变，她找到了全新的意义。当然，她仍然视自己为一名跑者，但她不再是为了排名而跑步，也不再苛求自己。这就是我们在采访 10% 的高绩效精英的过程中看到的神奇之处。他们对自己正在做的事情进行微妙的改变，就找到了跟别人一起让生活变得更丰富的方式。他们享受着当下有意义的生活，而不是把有意义视为未来的某个彼岸。

10% 的高绩效精英能如此清晰地在日常生活中找到并表达出意义，这着实令人惊讶。他们在分享自己每天为世界做出的微小贡献中找到了快乐。他们的故事五花八门。一位生物技术公司的高管有意识地向女儿展示作为一名成功女性的风采。另一位受访高管在将公司独特的文化传承给下一代的过程中，找到了更高的使命感。还有一位经理，在裁员时优先考虑的是要给员工尊严。另外，还有一位投资银行家，并不认为融资多么有意义，而是在发展团队中找到了真正的意义。在所有这些案例中，人们发现，明确并实践与他人相关的人生角色和优先事项，然后有意识地创建支持这些角色的活动，并从那些不支持这些角色的活动中抽身出来，会给他们带来深刻的个人使命感。

来自 10% 高绩效精英的建议 THE MICROSTRESS EFFECT

- **寻找正面榜样和反面例子。**

  想想那些你钦佩的人，他们的生活似乎总是充满活力与意义。试着找出他们是如何在日常生活中找到并维持这种意义的。就像对待健康问题一样，想想你不想变成什么样的人。一位顶级咨询师告诉我们，他被公司最成功的销售的退休派对震撼了。多年来，这位同事几乎把醒着的时间都奉献给了公司，可退休后却陷入无所适从的尴尬境地。他曾几次推迟退休，直到公司介入，强制执行法定退休年龄。“我不想成为那样的人，”咨询师告诉我们，“除了赚更多的钱，他好像没有其他起床的理由。”

- **提醒自己你曾经是谁。**

  有时你可能需要回顾过去，想想曾经让你的生活充满活力的角色和优先事项，重新点燃过去的激情，将自己带入新的团体，就算是和新结识的人在一起，你也可以做回曾经的你。一位四十多岁的经理跟我们说，她最近又开始飞行了。她在二十出头的时候就拿到了私人飞行执照，但随着时间的流逝，她的飞行技能慢慢生疏了。最近一次搬家后，她发现家旁边就有一家私人机场，然后决定加入当地的飞行俱乐部。她说：“没有什么比从不同的角度看世界更能释放压力了。”但她告诉我们，真正的收获是她再次成为一群飞行爱好者中的一员。她期待着周末的早晨与其他飞行员一起在机库里闲逛。“我喜欢和他们谈论飞行，这让我可以暂时逃离日常生活的压力。”

在微时刻找到意义

人们常常因为两个错误的观念而忽略了那些可以赋予意义的微时刻，要么认为意义只存在于伟大、崇高的事业，要么认为意义是那些等生活变得更轻松之后再去做的事情。当然，他们大概率是不会去做的。在我们的研究中，快乐的人更善于看到并捕捉当下与他人相处的微时刻，并赋予其意义。

- 问一些看似无关紧要的问题，发现他人的激情、共同的观点或价值观，从而深化人际关系。
- 别急着去做下一件事，不妨停下来跟同事或邻居闲聊几句。
- 偶尔袒露自己的脆弱，从而影响他人也这样做。

通过这些方式，人们能够寻找与他人建立联系的微时刻，从而建立真实的联系。

那些善于寻找这些微时刻的人，他们的人际关系往往是帮助他们洞察生活真谛的宝贵资源。良师、伴侣、子女、精神导师或教练，都能帮助他们指出那些未曾意识到的意义感。特德是一名销售经理，管理着一个销售农业用品的团队。他积极参加社区活动，每隔几周，他都会被问到“你的灵魂还好吗？”这样的问题，特德把这个问题记在心里，也留在了他的日常工作中，并在别人看不到的地方找到了意义。“我认为我跟经销商、我曾经帮助过的农场主、向我汇报工作的销售代表之间的关系，都是在向世界传递积极的东西。”这些问题鼓励特德去思考，如何利用自己的才能和职业机会去改善周围人的生活。

来自 10% 高绩效精英的建议 THE MICROSTRESS EFFECT

- **抵制过度结构化的生活。**

  在工作和家庭责任的重重压力下，你可能已经陷入了过度结构化的生活，几乎没有余地去构建工作以外的人际关系。当你忙得焦头烂额时，你最先忽略的就是人际关系。而且，不知何故，它们再也没有回到你的待办事项清单上。你必须打破这种局面。以克里希纳为例，他不会过度规划自己的生活，而是有意识地采取顺其自然的方式。“举个例子，”他告诉我们，“下周我们要去城里新开的一家餐馆吃饭。我们只是简单地向 30 个朋友群发了一条消息，‘我们周二去，谁愿意来？’结果连一年没见的人都来了。试想一下相反的情况，如果我们只跟另外两对夫妇聚会，首先，每个人都很忙，我们可能要等上几周才能成功聚餐；其次，那样的话我们也不会有重逢的惊喜和快乐！”和以往相比，人们从来没有像现在这样有能力决定自己做什么、跟谁一起做。因此，不要让过度安排剥夺了享受生活中微时刻的机会。

- **活在当下。**

  生活中有许多关键事件都发生在微时刻，如果你不驻足倾听，就很容易错过。你要尽可能活在当下，意识到当下的经历对你和他人的意义。有时候，表达你对他人的信任，就是一种简单且有效的方式。约瑟芬是一位卓有成就的女性，作为一家科技公司的领导者，在与团队互动时，她会有意识地提高自己的认知。她问自己："你相信你的员工吗？他们知道吗？你给他们授权了吗？"她进一步向我们解释，"这些都是每天真正重要的时刻"。其他受访者也给我们分享了他们陪伴孩子的一些美好时刻，特别是出差回来后更是倍感温馨，还有一边喝咖啡一边和同事聊天的欢乐时刻，以及他们对尽可能活在当下的热切期待。

- **寻找微时刻，更多地了解他人。**

  你不必花额外的时间去更好地了解他人，你可以在与他们的日常互动中创造机会。在交谈中，哪怕仅仅花几分钟时间问问题，也能增进你对一个人的了解。专注倾听，不要急于表达同意或不同意，喜欢或不喜欢，也不要总想着接下来自己该说些什么。你要发现与你互动的人的独特之处。华金描述了他是如何通过与几个邻居在自家樱桃树旁的偶然相遇，开始感受到新社区的氛围的。“左邻右舍都出来的时候，我走过去送了他们一些樱桃，然后就很自然地开始了交谈。像这样的微时刻，当你参与其中时，就会巩固社区人际关系。”

与团队共同创造

如果你曾经是某个团队的一员，团队里大家互相支持，以真实的自我与队友沟通，并在彼此想法的基础上创造出一些新奇的东西，你就会知道这种经历让人感到精力充沛且充满意义感。从某种程度上说，你具体在做什么项目并不那么重要，重要的是你们一起工作时会充满活力，这个过程被我们称为共同创造。

共同创造的核心在于一种同步性，比如深刻的信任、承诺和默契，每个人都融入其中。共同创造还包括一种脚手架式的互动过程，即人们基于彼此的想法进行创新，于是“啊哈”时刻就会出现，并将创新提升到个人无法独立完成的水平。在共同创造的过程中，你与他人建立了深厚的联系，为自己的生活增添了价值，同时，你们作为一个团队开发的创意也为他人的生活增添了价值。共同完成一项工作的微时刻会创造出真实的联系，它是微压力的“解药”。总之，共同创造让个人和集体都变得更加强大。

工程项目经理卡罗尔就曾在日常工作中体验到与同事共同创造的满足

感。即使在巨大的压力下，她和同事也能齐声大笑。有一次，她的团队需要在深夜开紧急会议。其实没有人愿意在那个时间处理危机，但团队成员都准时出现在了视频会议里，紧急研究解决方案。卡罗尔回忆：“一位同事用毯子把自己裹在沙发上，开了一个玩笑，于是让整个团队大笑起来。我立即在那个瞬间截了图，因为我想，‘哇，这个团队好特别，压力之下居然还能这么团结并开怀大笑。和这样的团队一起工作，就是意义所在’。”

在卡罗尔的经历中，团队的同步性还包括为他人提供服务的责任感、对成员做出牺牲的认可，以及要让这些牺牲真正地发挥价值。“当你环顾周围，看着那些与你并肩工作了数千小时的人，你觉得有责任不让他们失望。这就好比我知道这个人在过去 3 年里放弃了每周五晚上的休息时间，跟我们一起做技术修补。我要确保她的付出得到应有的回报，因为我觉得这是一种崇高的牺牲，我绝对不会搞砸它。”与一群人建立真实的联系，会感觉自己是比自己更重要的事情的一部分，这让卡罗尔摆脱了工作中的微压力。“在那一刻，你在做什么并不重要。我只想说‘我喜欢这些人，我不会让他们失望，因为我是这个团队的一员’。”

同时，卡罗尔形容她的团队是令人兴奋的团队，团队成员基于彼此的想法和能量，形成了集体性的动力和创造力，这让人明显体会到整体大于部分的总和。其实许多人在回顾人生中一些最美好的工作时光时，会发现那些时光都是作为团队一员的一段经历，并且每个人都发挥出了最佳的水平。

共同创造可以发生在任何工作中，只要有同步性和脚手架式的互动，它就会悄然发生。我们的受访者描述了各种活动中的共同创造的经历，如建立一个新的计算生物学平台，与一群斗志昂扬的志愿者合作推出一个正念计划，以及与当地的大师俱乐部成员一起游泳。

来自 10% 高绩效精英的建议 THE MICROSTRESS EFFECT

- **抓住机会，摆脱任务的束缚。**

  那些经历过共同创造的人，往往更乐于接受以意想不到的方式出现的解决方案。他们对需要完成的任务有大致的了解，但在深入研究具体的时间安排、完成方式之前，他们会先关注为什么要合作以及合作的过程。有时候你可以放下手头的工作去和队友交流。如果你给自己时间去提问和探索，用轻松幽默的方式加深人际互动，你就能拓展人际关系，并且能够更全面地了解他人。一般地，人们在这些互动中建立的信任，能够为真正的共同创造奠定坚实的基础。

- **改变与同事的互动方式。**

  寻找机会与同事一起开展能让你产生意义感的项目。这些机会可能源自导师的悉心指教，也可能是与价值观相同或能给你提供成长机会的人合作，甚至可能是与同事一起组织社交活动。

- **在意想不到的成长机会中找到意义。**

  在你最成功的时候，去探索真正值得投入时间和精力的工作，以及更符合你价值追求的职业选择。10%的高绩效精英喜欢在一切发展顺利的时候，主动去探索新的职业道路。当前职位的发展势头会将他们直接带入下一个可能，这更符合他们的意义感。一位受访者描述了他获得管理职位后的反应："我从来没有主动追求过管理岗位，也没想过要当经理，更没有想过会当上经理。一次开会时，老板说，‘我们想让你担任经理职位，你可以胜任的，你愿意吗？’我当时想，‘不是吧？’但你知道吗？我其实是个很好的经理。这给了我一种巨大的意义感，我从来没有想过我会找到这种感觉。”

学会管理微压力 THE MICROSTRESS EFFECT

脱离和回到充满意义感的联系中

在采访中，我们问人们，哪些生活或事业上的转变使他们进入或脱离了意义导向的活动和关系。图 8-1 显示了人们是如何在人生的某些拐点做出决定，从而找到或失去意义的。

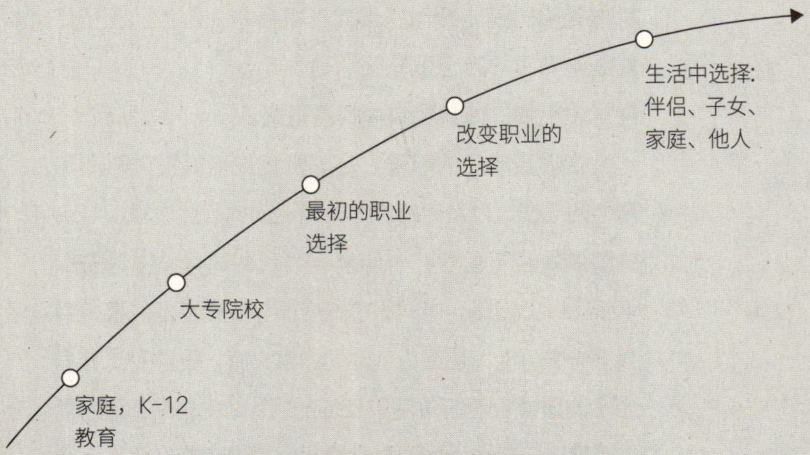

图 8-1 你在哪里找到或失去了意义？

反思自己人生中的拐点。这个过程能否帮助你识别出那些让你远离了有意义的关系或情境的拐点？

深入剖析你人生不同阶段的经历或活动，思考它们是如何塑造你现在的人际关系的，既包括激发意义感的，也包括削弱意义感的。比如，人们经常提到，追求社会上备受追捧的高收入职业，使他们离开了能保持身体健康或精神富足的活动和社区。相比之下，还有许多人的拐点是研究生阶段、婚姻或辞去一份要求苛刻的工作，这些拐点帮助他们进入有意义感的活动或社区。

寻找机会重新唤醒过去的活动或休眠的关系，为你的生活增添维度和意义感。大多数人重拾意义感的一个常见方法是寻找曾经在生活中有意义的活动或人群，然后重新建立联系。你可以考虑重新参与体育活动、志愿服务、音乐社团或求知活动，然后你就会慢慢地结识一群志同道合的人。

通过共同的价值观建立联系

我们的许多受访者都表示，他们的意义感取决于具备做正确事情的能力，不是因为他们必须顶住压力去做某些事情，而是因为他们是一个有着共同信念和抱负的集体的一部分。与朋友、家人或同事一起将共同的价值观付诸实践是意义感的强大源泉。比如，即使在看起来不可能的情况下，10% 的高绩效精英还是找到了共同的意义去建立联系。

乔希是一家制造业公司的高管，当他看到价值观战胜个人利益的时候，深刻地感受到了意义感。他给我们介绍了公司的理念之一：所有人都齐心协力为客户服务，而不是仅仅关注个人利益。他告诉我们："我不觉得我的部门跟销售部门和产品研发部门存在对立关系，我认为我们在需要共同关注的问题上是一致的。”

乔希在另一家公司有过不同的经历。在那里，虽然人们口头上都表示会齐心协力，但是一遇到跟个人利益有冲突的情况，态度就变了。他回忆说：“人们会说，‘嗯，是的，这样做也许是对的，但你不能从我的绩效表中扣除业绩’。”乔希的经历很典型。很多公司虽然经常把远大的抱负挂在嘴上，却很少付诸行动，这无疑会削弱员工的意义感。乔希说：“在上一家公司，我们每个季度都会进行一次25分钟的量化考核工作。考核的问题包括：你有没有达标？你有哪些改进？而现在的公司也有季度总结，可能前5分钟是关于指标的，后面20分钟则是讨论如何为客户提供更多的服务，以及如何打造团队并帮助团队成长。这是我们以前从未讨论过的两个问题。现在，这些指标是我们的责任，但不是我们的目的。”

我们从10%的高绩效精英身上学到的经验之一是想要在共同的价值观中找到意义，并不总是像乔希那样容易。你很难轻易地就找到一个你完全认同其使命或意义的公司，这对很多人来说都是不现实的。但你可以找到在微时刻与他人建立联系的方法。如果你热衷于成为年轻员工的导师，你就可以找到志同道合的人一起组织、指导工作。如果你在工作中重视创造力或应用技术解决问题，你一定能找到跟你相似的人，你也可以组织会议或其他互动来满足你的需求。这些互动往往能开启更有意义的工作路径。10%的高绩效精英的秘诀之一就是他们有能力动员人们，围绕共同的价值观创建工作流。随着时间的推移，这些努力会逐渐形成势头，最终成为他们人生角色的重要部分，甚至是决定性的部分。简言之，10%的高绩效精英通过“小额初始投资”来塑造自己的环境和命运，而不是一味地专注于满足他人的期望。这样，随着时间的推移，他们就能积极塑造自己的角色。

来自 10% 高绩效精英的建议

THE MICROSTRESS EFFECT

- **优先考虑能为你创造意义感的活动和关系。**

  无论你对自己的意义感有多么清晰的认知，当生活的重重压力让你感到分身乏术时，你必须有策略来坚持它。你要有条不紊地安排时间，为工作以外有意义的事情留出时间。一位忙碌的高管告诉我们：“即使在周末，我也会把想做的事情，比如娱乐或社交活动，都记在日历上。”仪式感和例行活动有助于加强生活中有意义的互动。一位受访者每个月都有一个周六和朋友在当地的食品分发处做志愿者。每个朋友都努力遵守承诺，不仅是因为他们有帮助社区的共同意愿，还因为他们很高兴有机会能与朋友并肩工作。他们有意选择拼车前往，目的是能有更多的时间聊天，并在途中了解彼此的生活。

- **用脚投票。**

  拒绝那些会让你偏离意义感的工作或机会。我们不断听到人们说“不”的故事：拒绝了与他们价值观不一致的团队合作，拒绝了可以让他们赚更多钱，却要牺牲陪伴家人的时间的工作，拒绝了要求他们以不道德的方式工作的职位。在某些情况下，他们选择接受现有的角色，让努力更有意义。例如，一位 10% 的高绩效精英负责所在组织的领导力发展，并创建了一个完全基于领导者互相学习的模式。他解释，“如果仅凭我自己管理这个项目，就不会有这么好的效果。所以，我把它重塑成了我想要的样子”。有时，人们会承担一些他们不需要承担自己却想要承担的工作，比如加入一个冥想项目做志愿者，因为这给他们的工作日增添了意义，并最终让他们与有着同样热情的人联系在一起。

- **投入新领域的活动。**

  在我们的研究中，快乐的人往往会参与以下 4 个领域中的 2 个或更多团体活动。

  精神层面：音乐、艺术、诗歌和其他生活美学领域的活动，将工作置于更广阔的背景中。

  公民和志愿者层面：有意义的团体，能为你明确更具体的意义感，让你接触到志同道合的人。

  朋友和社区层面：集体活动，如体育活动、读书会和晚餐会。

  家庭层面：诸如照顾家人、树立有价值的行为榜样、与大家庭一起践行传统和价值观等活动。

学会管理微压力　THE MICROSTRESS EFFECT

发现隐藏的意义来源

通过以下练习，我们来识别你现有的创建意义感的方式，发现差距，并找到通过与他人的关系来扩展你的意义感的方法。这样做的目的不是要制订一个全新的人生计划，而是要认识到你当下在哪里找到了意义，并学习如何有意识地向这些意义的来源靠拢，进而找出你可能会调整或取消的低意义活动。

我们将用对媒体高级主管梅雷迪思进行的分析，引导你完成这项练习。“现有的创建意义感的方式”是梅雷迪思使用的分析清单。她告诉我们，她人生的主要意义来自她在工作中的角色（经理）和在家庭中的角色（母亲、妻子和女儿）。每个角色都充满了各种微压力。但是，当我们要求她通过这个清单来识别她的意义来源或消耗意义的活动时，她有了新的看法。

如果你想知道自己有哪些机会可以为日常生活增添意义，首先要搞清楚你现在都在做些什么，然后，看看你能否改变现状，或者找到可以带给你意义感的活动，或者联系帮你创造意义的人。梅雷迪思填完这些后，看到了自己未曾意识到的意义来源，比如指导团队和教授平面设计。经过进一步思考，她发现自己也可以通过这些活动来扩展自己的意义感。

现有的创建意义感的方式

创建意义感的途径	工作中				
	直接领导	其他领导	同事	向你汇报的团队	客户、顾客、用户
积极承担人生角色和圆满完成优先事项 积极承担你认为对美好生活很重要的一系列个人角色和圆满完成优先事项				指导团队	客户关系

创建意义感的途径	工作中				
	直接领导	其他领导	同事	向你汇报的团队	客户、顾客、用户
把握机会帮助别人 奉献自己的时间和才能帮助他人				扩展意义感	扩展意义感（不是为了绩效）
追求对你有意义的人生角色和目标 打开视野，在所做的事情中看到更大的可能性或意义感				扩展意义感	扩展意义感（不是为了绩效）
与团队共同创造 以同步性（深刻的信任、承诺和默契）和脚手架（基于彼此想法进行创新）式的方式合作					
通过共同价值观建立联系 与朋友、家人或同事一起实践共同的价值观					

创建意义感的途径	工作以外			
	伴侣	家人	朋友	兴趣小组
积极承担人生角色和圆满完成优先事项 积极承担你认为对美好生活很重要的一系列个人角色和圆满完成优先事项			结识一位新朋友，或与老朋友重新建立联系	

创建意义感的途径	工作以外			
	伴侣	家人	朋友	兴趣小组
把握机会帮助别人 奉献自己的时间和才能帮助他人				教授平面设计
追求对你有意义的人生角色和目标 打开视野，在所做的事情中看到更大的可能性或意义感	调整低意义的活动			
与团队共同创造 以同步性（深刻的信任、承诺和默契）和脚手架（基于彼此想法进行创新）式的方式合作		增加一项有意义的活动：画家谱图		
通过共同价值观建立联系 与朋友、家人或同事一起实践共同的价值观				

第一步：扩展现有活动，增加意义来源。努力为你已经在做的事情增添新的意义感。这可能很简单，比如意识到你已经通过某项活动为他人带来了价值，同时也让你对所做的事情有了更深入的思考。梅雷迪思很清楚自己在工作中的正式角色，却忽略了非正式角色，比如担任团队成员的导师。于是，她开始更多地关注导师角色，更用心地去了解团队成员的需求和抱负，并改变了自己对绩效考核等让她觉得枯燥乏味的事情的看法。

第二步：拓宽你的关系接触点。尝试通过现有的活动与更多不同的人建立联系。梅雷迪思在平面设计的志愿教学工作中获得了极大的满足感，可是她常常觉得没时间跟朋友相处了。“现有的创建意义感的方式”也清楚地显示“朋友”栏有一大块空白。梅雷迪思决定试试发出邀请，看有没有一些朋友能参与自己已经在做的事情。于是，她招募到一位朋友和她一起做一个志愿平面设计项目。在平面设计之外，她们还有机会聊到了育儿等生活日常话题。

第三步：调整低意义的活动。你可能无法消除生活中所有意义性不强的活动，但你可以用一些小方法来优化它们，这可能会带来很大的不同。梅雷迪思不喜欢跟客户打交道，她觉得销售工作以及与客户谈判很无趣，她更喜欢做一些有创意的工作，喜欢看到想法变成现实。但是，随着她在公司的职位越来越高，客户关系对她的工作就越来越重要。与同事商议后，梅雷迪思决定稍微改变一下她的客户组合，以便于她能够与和自己价值观一致的非营利组织及其他组织打交道。虽然这些客户只占她全部业务的一小部分，销售利润也较低，但她感觉与客户之间有了亲切感。以前，她觉得自己是在硬性销售，现在她认为自己在用创造才能帮助别人。

第四步：增加一项有意义的活动。经过深思熟虑，增加一到两项你知道自己能从中找到意义感的活动。这些活动不一定要投入大量时间，但一定要对你有意义，并能把你与他人联系在一起。梅雷迪思告诉我们，她从未真正意识到自己有多么喜欢共同创造。因此，她开始优先考虑那些能够以共同创造为核心模式的工作机会。这些共同创造的快乐也扩展到她的家人和朋友圈，只要大家一起做一个共同的项目，就能建立起一条纽带。她决定与大家庭一起制作一份精致的家谱，不同的亲戚负责不同的阶段。在彼此工作的基础上，他们整理出了一份详尽的家族史，还验证了一些家族传说。她还特意抽出时间对父母进行了正式采访，了解自己的童年，并将采访内容记录下来。另一位家族成员将这些采访制作成了肯·伯恩斯（Ken Burns）风格的纪录片。梅雷迪思还在家族中创建了共享文件夹，让每个人都能了解家谱整理工作的最新进展情况。她告诉我们："体会到与自己关心的人一起开展活动带来的好处，让我倍感振奋。这并没有占用我主要角色的时间，而是扩展了我的角色，使我的人生角色更具包容性，并帮助我在其他领域也找到意义。"使用清单进行自我分析后，梅雷迪思发现自己创建的共同创造活动并不是可有可无的，而是必须存在的一部分，因为这些活动对于创造和实现她的意义感非常重要。

马尔科，前面提到的那位发现自己在难得空闲的一天却无所事事的高管，最后找到了方法来恢复工作之外的意义感。他去了当地的一个环保组织做志愿者，负责清理一个垃圾泛滥、杂草丛生的公园。马尔科发现，来参加不定期清洁日活动的志愿者虽然年龄跨度很大，且来自各行各业，但是大家有着共同的价值观：关心环境，有社区服务精神，以及享受在周六与他人聚在一起完成一件事的乐趣。渐渐地，他开始拿出更多的时间来参加这个小组的活动。另外，他还和妻子一起参加了当地的一个网球小组，自己又加入了教会的一个男子小组。不到一年的时间，马尔科就在自己的生活中建立起了多维度且真实的人际交往，这些人际交往成为他生活中意义感和使命感的深层来源。意义感反过来又让他克服了日常生活中的许多微压力，那些他以前觉得非常重要的小事，对他来说已经不再有同样的影响了。他说："这些看似都是一些细节，但我认为这让我在工作中更加快乐，因为在工作和家庭责任之外，我确实找到了平衡和意义感。"

在生活中寻找并创造意义，并不需要你进行深入的灵魂探索来挖掘出你存在的价值。但它确实需要有意识的努力，正如我们的许多受访者所体会的那样，日常生活会将你卷入无形的洪流之中，将你拉向社会所定义和期望的彼岸，而不是你个人价值观所在的地方。这些微压力会削弱你的能力，消耗你的情感储备，挑战你的自我认同感，让你更难找到回归的方向。但是，如果你选择等待所谓的“最佳时机”之后，也许是有了可靠的经济保障，也许是孩子已经长大成人，才允许自己“奢侈地”去寻找意义。你可能会发现，你已经失去了多年来建立联系的机会，而这种联系才是你意义感的核心。

你很容易被日常的微压力冲昏头脑，看不到任何机会去创造或追随自己的人生意义。但 10% 的高绩效精英对意义有不同的看法。他们不会孤立地创造意义，而是让自己与他人的关系发挥核心作用。意义不仅是做什么，还包括如何与他人一起做。你的人际关系增加了你的认知维度和视角，帮助你更开放地看待世界，让你知道什么是对你真正重要的东西。事实上，许多人会发现，这些关系对自己来说才是最重要的。当你与具有共同价值观的人合作时，你所做的事情就会变得更有意义。这些合作会告诉你，当你处于最佳状态时，你是谁，或者你能成为谁。

化解微压力
Tips

1. 人们需要承担养活自己和所爱之人的责任。然而，考虑一下你是否已经掉进了一个误区，是否步子迈得太大，是否只是为了跟上社会对成功的定义：更大的房子、更好的车、更豪华的假期。为了这些，你工作更拼命、工作时间更长，失去了你曾经珍视的活动、关系和身份。

2. 以下是 5 种能够激发意义感的方式，你可以有意识地将它们融入你的日常交往中，而无须彻底改变你的生活：

   - 把握机会帮助他人。
   - 追求对你有意义的人生角色和目标。
   - 在微时刻找到意义。
   - 与团队共同创造。
   - 通过共同的价值观建立联系。

THE
MICROSTRESS
EFFECT

结　语

别让微压力击退生活中的快乐

彼得自豪地告诉我们："我们演奏的曲目很杂，从经典摇滚乐到我的乐队成员喜欢的一些新曲目，应有尽有。我甚至还有过几次令人惊艳的吉他独奏。"

在我们的研究中，关于生活中的微小变化所能带来的惊人影响这件事，也许没有人比彼得更有发言权。彼得是一位非常成功的神经外科医生，却在四十多岁的年纪和一群二十多岁的年轻人一起弹吉他。刚开始彼得并没有想要加入乐队，后来为了在被工作耗尽精力之前重新找回曾经热爱的活动，他实施了一系列小计划，最终加入了这支乐队。有段时间，他经常光顾当地的一家乐器店，有时是给他的旧吉他调音，有时是为了买一些新唱片。有一次，他注意到一张海报，上面写着低调的周末乐队在招募乐手，广告语是"天赋不够，音量来凑！"。他一时兴起，决定采取行动。"这跟外科手术完全不同，"他解释，"手术时我必须全神贯注。但是跟大家一起玩的时候，我可以随心所欲，这太有趣了。"

彼得已经很多年没有玩音乐了。但当我们采访他时，他看上去激情澎湃。我们问他是什么让他回复那个广告的，他说，“我只是想起了自己曾经多么热爱乐队，我想找回那种感觉”。

许多人都对处于最佳状态的自己记忆犹新，也许是大学里的自己，也许是刚入职的自己。但就像彼得一样，我们发现，日常生活中的微压力会一点一点地将这种激情击退。人们只能认命，强打精神来应对不断增加的微压力，或者采取传统的提升幸福感的建议，那些建议往往侧重于让人们进行一些可以用来抵御宏观压力或微压力的活动，比如冥想或感恩。它们的重点是让你换个角度看问题，这样你就能忍受生活中越来越多的微压力。

然而，如果你能直接消除一些微压力，而不是提高自己承受微压力的能力，岂不是更好？几十年的社会科学研究表明，消极互动的影响是积极互动的 5 倍。人们每天都生活在微压力之中，却浑然不觉。想一想，在日常生活中发现并消除一两个微压力，能对你产生多大的影响。再想一想，与那些能给你的生活提供意义和成长的人建立新的、积极的互动能带来什么效果。

在这本书中，我们为你提供了一些工具，让你识别出微压力侵扰你生活的隐形方式，并用语言表达出你的感受。你不可能去解决一个自己看不到的问题，你也不可能去做自己确定不了的事情。我们为你提供了各种工具和练习时间，帮助你诊断微压力的来源，并为你提供击退微压力的建议。但是，我们也要求你停下来进行自我反思，看看自己无意中在哪些方面延续着微压力的循环。

我们在书中还与大家分享了幸福感最高的受访者的不同做法。他们不仅善于在不影响工作表现的情况下转移和消除生活中的微压力，还有意识地建立和维持丰富、多维的生活。我们深深地钦佩 10% 的高绩效精英，他们和彼得一样，找到了通过与他人的互动来提升自己生活品质的方法。在整个研究过程中，我们两个人开始采用我们看到的一些最佳做法，既认识到自己生活中的微压力并加以解决，又找到与他人建立真实联系的微时刻。我们中的一个人，罗布，已经重新开始他过去的一些活动，包括打网球和骑自行车，建立了一系列全新的联系，这些联系已成为他每天享受建议、观点、快乐和友谊的源泉。另一个人，凯伦，也意识到自己已经与大学时最要好的几个朋友疏远了，尽管她们彼此就住在自家 1 小时车程的范围内。因此，即使在疫情最严重的时候，她们也会在周边的徒步路线见面，然后并肩徒步几公里，让自己至少可以暂时忘掉在家里等着自己的微压力。在新冠病毒感染疫情持续的那段时间里，凯伦和一些朋友相互支持，共同经历了搬家、年迈父母的问题、健康问题和空巢等挑战，徒步活动已经成了她们之间一种更深层次的联系：频繁的短信交流、在彼此家里聚会、闺蜜专享的特别假期，以及无尽的欢声笑语。我俩都提醒自己，与自己关心的人建立真实的联系，可以帮助我们远离微压力。

在数十年的研究中，我们曾与世界上一些最受尊敬的组织和数百位高绩效精英密切合作，从采访对象身上学到的经验教训从未如此打动我们。可以肯定的是，虽然当今社会存在着明显的幸福危机，但是也有一个强有力的解决方案。消除生活中的一些微压力，寻找与他人建立真实联系的微时刻，将为你的生活增添新的维度。事实是，人们从未像现在这样有能力决定自己做什么以及与谁一起做，那么，现在从小事做起吧。

未来，属于终身学习者

我们正在亲历前所未有的变革——互联网改变了信息传递的方式，指数级技术快速发展并颠覆商业世界，人工智能正在侵占越来越多的人类领地。

面对这些变化，我们需要问自己：未来需要什么样的人才？

答案是，成为终身学习者。终身学习意味着永不停歇地追求全面的知识结构、强大的逻辑思考能力和敏锐的感知力。这是一种能够在不断变化中随时重建、更新认知体系的能力。阅读，无疑是帮助我们提高这种能力的最佳途径。

在充满不确定性的时代，答案并不总是简单地出现在书本之中。“读万卷书”不仅要亲自阅读、广泛阅读，也需要我们深入探索好书的内部世界，让知识不再局限于书本之中。

湛庐阅读 App：与最聪明的人共同进化

我们现在推出全新的湛庐阅读 App，它将成为您在书本之外，践行终身学习的场所。

- 不用考虑“读什么”。这里汇集了湛庐所有纸质书、电子书、有声书和各种阅读服务。
- 可以学习“怎么读”。我们提供包括课程、精读班和讲书在内的全方位阅读解决方案。
- 谁来领读？您能最先了解到作者、译者、专家等大咖的前沿洞见，他们是高质量思想的源泉。
- 与谁共读？您将加入优秀的读者和终身学习者的行列，他们对阅读和学习具有持久的热情和源源不断的动力。

在湛庐阅读App首页，编辑为您精选了经典书目和优质音视频内容，每天早、中、晚更新，满足您不间断的阅读需求。

【特别专题】【主题书单】【人物特写】等原创专栏，提供专业、深度的解读和选书参考，回应社会议题，是您了解湛庐近千位重要作者思想的独家渠道。

在每本图书的详情页，您将通过深度导读栏目【专家视点】【深度访谈】和【书评】读懂、读透一本好书。

通过这个不设限的学习平台，您在任何时间、任何地点都能获得有价值的思想，并通过阅读实现终身学习。我们邀您共建一个与最聪明的人共同进化的社区，使其成为先进思想交汇的聚集地，这正是我们的使命和价值所在。

浙江省版权局图字：11-2024-453

图书在版编目（CIP）数据

别让微压力消耗你 /（美）罗布 · 克罗斯，（美）凯伦 · 狄龙著；王建琪译 . — 杭州：浙江科学技术出版社，2025.5. — ISBN 978-7-5739-1691-4

Ⅰ. B842.6-49

中国国家版本馆 CIP 数据核字第 2025XQ0021 号

书　　名	别让微压力消耗你
著　　者	[美] 罗布 · 克罗斯　[美] 凯伦 · 狄龙
译　　者	王建琪

出版发行	浙江科学技术出版社 地址：杭州市环城北路 177 号　邮政编码：310006 办公室电话：0571－85176593 销售部电话：0571－85062597 E-mail:zkpress@zkpress.com
印　　刷	天津中印联印务有限公司

开　　本	710mm×965mm　1/16	印　　张	16.5
字　　数	229 千字	插　　页	1
版　　次	2025 年 5 月第 1 版	印　　次	2025 年 5 月第 1 次印刷
书　　号	ISBN 978-7-5739-1691-4	定　　价	89.90 元

责任编辑	余春亚	责任美编	金　晖
责任校对	张　宁	责任印务	吕　琰